FAO中文出版计划项目丛书

气候智慧型农业：
肯尼亚农业推广机构培训手册

联合国粮食及农业组织　编著
张卫建　严圣吉　郑成岩　译

U0394742

中国农业出版社
联合国粮食及农业组织
2021·北京

引用格式要求：

粮农组织和中国农业出版社。2021年。《气候智慧型农业：肯尼亚农业推广机构培训手册》。中国北京。

09-CPP2020

本出版物原版为英文，即 *Climate smart agriculture: training manual for extension agents in Kenya*，由联合国粮食及农业组织于2018年出版。此中文翻译由中国农业科学院作物科学研究所安排并对翻译的准确性及质量负全部责任。如有出入，应以英文原版为准。

ISBN 978-92-5-134688-4（粮农组织）
ISBN 978-7-109-28407-4（中国农业出版社）

FAO中文出版计划项目丛书

译审委员会

本书译审名单

前　言

　　世界粮食生产主要依赖于自然资源，随着人口日益增长，保障粮食安全的需求正受到前所未有的挑战。与此同时，依赖农业生产来维持生计的人们和社区更容易受到极端性降雨和气温等气候变化的威胁和影响。众所周知，农业是非常敏感和脆弱的，极易受到天气多变和气候变化的影响，而且已经受到了干旱、洪涝和其他极端事件对粮食生产和社会发展等方面的严重不利影响。

　　此外，肯尼亚等发展中国家普遍存在农业基础设施薄弱、技术应用滞后和小农适应能力弱等问题，也加剧了气候变化带来的负面后果。例如，肯尼亚大部分是半干旱地区，气温升高和降雨多变对作物、畜牧、林业、渔业和水产养殖的生产投入均有不利影响，并且预计到2030年，上述行业的生产能力可能会下降30%以上。

　　众所周知，通过提高农业的适应能力和韧性以及提高农业生产系统的资源利用效率，可以应对气候变化。因此，建议对农民和机构开展先进技术的广泛宣传、采纳和实施等能力培训，可以更好地适应与减缓气候变化的不利影响。粮农组织认为，实现这一目标的最佳途径是采用遵循气候智慧型农业（Climate-Smart Agriculture，CSA）理念的农作方式。

　　CSA的目标是通过转变和调整农业系统（作物、畜牧业和渔业）生产方式，以保障气候变化背景下的粮食安全。它强调通过助力农业生产适应气候变化来改善粮食安全状况，同时确保农业活动有效减少温室气体排放。CSA作为一个概念，最初是由联合国粮食及农业组织（FAO）在2010年提出的，是为了应对气候变化对农业生产的影响和温室气体（GHG）排放潜力提高的现状。气候变化迫使我们改变当前的农业生产方式，而CSA将是气候变化下养活人类的一种出路。

　　本手册提供了一整套农业实用技术的全面具体说明。这些农业实用技术为小农户和区/县级的农业推广机构在气候智慧农业投入方面提供技术支撑。我们期望，本手册中所建议的技术，如果以综合的方式加以实施，除了实现农业的可持续生产外，还可以激发改善农场层次的经济效益和景观水平的生态效益，从而促进地方和国家的经济发展。

　　此外，正如我们所期望的，接受了培训的农民和县及全国技术推广的官员也将能更好地推动CSA技术的广泛推广应用。

　　FAO将继续支持编制、出版和传播简化的CSA技术材料（比如传单、横幅等），这将促进全国大多数小农户、社区主导型的农场主和一线推广机构人员广泛获得和了解CSA做法。FAO将继续与肯尼亚政府合作，采用并有效实施气候智慧型农业生产方式，以应对气候变化和环境退化对农业的影响。

Luca Allinovi，博士

FAO驻肯尼亚代表

致　谢

通过许多组织和个人的积极参与、支持和合作，《气候智慧型农业：肯尼亚农业推广机构培训手册》得以出版，在此对他们所付出的努力致以真诚的感谢。

感谢美国农业部（USDA）资助FAO的工作，为编写本培训手册提供的技术知识，从而提升了农业、畜牧业和渔业部门推广官员关于气候智慧型农业概念的认知能力，并提高了国家和县级决策者对加强CSA投入的认识。

非常感谢FAO的区域倡议（成果2：农业景观综合管理）提供的补充资金，以便让更多的县政府以及农民带头人参与CSA培训。后来，FAO的罗马办事处和芬兰政府资助的农业减缓气候变化（the Mitigation of Climate Change in Agriculture，MICCA）项目，也提供了其他补充资金支持，编写了简化的传播材料供目标县的小农户更广泛地获得和理解CSA技术与知识。

特别感谢为编写本手册做出贡献的项目管理小组和CSA各组成部分的专家，本手册中技术的汇编过程包括：在不同地点举办专题讨论会和会议，目的是巩固和验证已确定的材料；访问各个县并与县决策者面谈；最后在13个县进行培训，目的是培养农民带头人和县级推广官员对气候智慧型农业生产方式的认知能力。

本手册由来自肯尼亚农业部、畜牧局和渔业局的三个部门组成的国家农业官员小组完成，具体如下：Michael Okumu、Veronica Ndutu（农业部），Robin Mbae、Luke Kessei、Evans Makokha、Maurice Ouma、Jared Mochorw、Bernard Kimoro（畜牧局），Bethuel Omolo（国家水产养殖研究发展和培训中心），Vincent Ogwang、Beatrice Akunga（渔业局）。

本手册的总体构思和编制工作由FAO肯尼亚特别顾问专家Barrack Okoba博士协调，并得到自然资源管理部门小组的大力支持：Philip Kisoyan、Nina C. Lande、Phylis Obayo和Francisco Carranza（自然资源管理部门负责人）。

特别感谢FAO肯尼亚通信干事Judith Mulinge在制作手册时提供图形设计和编辑支持。

概　要

　　气候变化和气候异常对农业的影响是肯尼亚实现其《2030年远景》，特别是繁荣富强目标所面临的巨大挑战。

　　农业敏感性和脆弱性明显，且极易受到气候变化和气候异常的影响，主要表现在长期干旱、洪水和其他极端气候事件对粮食生产和发展的直接影响。

　　鉴于肯尼亚农民高度依赖雨养农业，加上农业基础设施普遍薄弱、缺乏适合的技术、小农适应能力低等问题，以农业为生计基础的人们和社会面临着更严重的极端气候带来的生产风险。

　　然而，气候变化所带来的问题可以通过提高农业对气候变化的适应能力和韧性来应对。本手册建议提高土地使用者的技术水平，引导决策者和相关机构有效宣传和实施能够适应和减轻气候变化及天气多变性影响的生产技术和体系。

　　本手册的编写是为了协助技术推广人员、社区领导者等宣传CSA的技术措施。这些措施在生产中的综合实施，并结合当地的社会和自然生态条件，可以提高农业增产增收的能力，以及农业生产抵御和适应气候变化的能力，同时也促进农业温室气体低排放技术的发展。

　　尽管单项技术措施并不详尽，但本手册试图展示适合肯尼亚大多数农业系统综合措施的有效组合，集成了一种综合的农业耕作方法，同时实现了作物高产、适应性提升和农田固碳。每一章都描述了一个CSA的实践，并试图回答关于被建议技术的三个问题：是什么、为什么、怎么做。本手册的编写格式旨在使用户易于理解并能够更好地应用所选系列措施。

　　本手册将辅以FAO和肯尼亚农业与环境局编写的其他手册和政策准则，以支持决策者将气候变化问题纳入其他发展领域，实现在维护环境安全的同时，确保粮食和营养安全。

目 录

第一章

导　论

　　肯尼亚的农业极易受到气候变化的影响。当前的研究表明，气候变化将直接和间接地影响其粮食生产。造成这些影响的原因包括：平均气温上升、降雨模式和数量变化、可利用水的减少、气候极端变化事件（特别是干旱和洪水）发生的频率和强度以及由于海平面的上升造成的沿海土壤的盐渍化等。

　　农业活动产生的温室气体占全球温室气体（GHG）总排放的10%～12%，同时森林砍伐和土地退化也是GHG排放的主要驱动因素，这两方面占GHG排放的12%～14%。农业之所以成为缓解气候变化的一个重要部分，是因为农业自身具有农产品生产的功能，同时，还可以在改善自然资源管理方面发挥协同作用。然而，农业需要一种可持续地利用自然资源的生态系统方法，以发挥其生态服务功能。

　　气候智慧型农业（CSA）立足于可持续集约化农业生产（作物、畜牧和渔业）的原则，其在农业区域景观水平上（在不同尺度的具有异质性或缀块性的空间单元层面上，译者注）与旨在减少和消除大气中GHG排放的生态系统方法相协同，开展可持续集约化生产，是一种保护和增殖自然资源的高产高效性农业。它采用一种生态系统方法，以利用自然生态系统对作物生长的贡献——土壤有机质、水流调节、授粉和自然捕食害虫。

　　它适时适量增加外部投入，来改良作物品种，使之能够抵御气候变化，并更有效地利用养分、水分和外部投入，同时不造成对渔业和畜牧业生态系统损害。可持续集约化和生态系统方法都是为了改善生计，增强对气候变化造成的饲料和粮食生产危机的韧性。

　　CSA由一系列应用于农业的综合性景观设计方法中可持续做法组成，以协调各农业部门，确保它们利用潜在的协同作用，减少冲突，优化对自然资源和生态系统服务的利用。

第二章
基本概念的定义

2.1   什么是气候变化

气候变化是指气候平均状态的长期或永久的升高或降低。这些变化包括：
- 降雨的起止日期；
- 干旱和雨季的持续时间和强度；
- 季节性降雨量；
- 降雨强度；
- 风的强度和方向；
- 病虫害的暴发；
- 洪水和干旱的异常频率。

2.2   什么因素造成气候变化

气候变化是由人类活动直接或间接导致的，这些活动改变了覆盖地球表面的大气构成，并在地球上形成一层气体。而这些气体的长期存在并增加使自然气候更温暖。这些气体包括：
- 二氧化碳（CO_2），来自有机物和薪柴燃烧、工业和汽车发动机释放的气体；
- 氧化亚氮（N_2O），来自氮肥施用后经土壤微生物作用而产生；
- 甲烷（CH_4），一种主要在缺氧（厌氧）条件下产生的气体，如动物废弃物发酵或稻田淹水时产生的气体；
- 臭氧（O_3），由香水、化妆品和家用喷雾剂等气雾剂产生的气体；
- 水蒸气，来自开放的自然水体，如湖泊和海洋。

一些加剧气候变化影响的活动包括：
- 清理土地和燃烧植物残茬使土地暴露，将储存在土壤中的有机碳释放到大气中；
- 木材作为薪柴焚烧，将储存在树木中的碳释放到大气中；
- 耕作措施，使土壤翻动和暴露，将储存在土壤中的碳释放到大气中；
- 粪便管理不善导致更多的沼气（甲烷）释放到大气中；
- 牲畜过载会导致草地退化，从而导致土壤排放GHG；
- 家禽价值链中能源使用效率低下，导致向大气排放的碳增加；
- 农药化肥的大量使用妨碍了可持续生态系统的维持；
- 在资源枯竭的水域捕鱼，需要消耗更多的燃料，因此增加了GHG的排放。

2.3　什么是气候智慧型农业

气候智慧型农业是一条以以下三大宗旨为基础的农业发展和粮食安全之路（表2-1）：

- 提高生产力和收入水平；
- 改善生计和增强生态系统的韧性；
- 减少和消除温室气体排放。

在实际的区域景观格局下，将自然资源用于粮食生产系统，同时兼顾CSA三大宗旨之间的协同作用，可能需要在确保生态系统服务不受损害的同时进行一些权衡。例如维持旱季河流流量，保护空气和水的质量，防止土地退化，保障动物和人类的健康。

表2-1　气候智慧型农业相关术语介绍

术　语	定　义	关键指标
1.气候韧性	社会生态系统或土地使用者能够应对危险事件或干扰的能力，在保持其基本功能和结构的情况下做出反应或重组，同时也保持适应、学习和改型的能力	在气候剧变或干扰后的社会生态系统或生活方式的恢复能力
2.土地退化	土地在一段时间内为其受益者提供生态系统产品和服务的能力下降	植被；土壤有机质及相关土壤因子与稳定条件相比呈下降趋势
3.农林复合	多年生木本植物以某种形式的空间排序或时间顺序，在与农业作物或动物的同一土地单元中被有意利用的土地利用系统和技术	有意与农作物或牧场生长在一起的多用途树木的有效数量
4.保护性农业（CA）应用	CA具有三个相互关联的原则，即：①对土壤的持续最小的机械扰动；②永久性土壤覆盖；③按顺序或组合生长的作物多样化种植	如果一个农民报告持续实践了2～3个原则，他可以被认为是一个CA"采用者"
5.农林复合的保护性农业（CAWT）	在同一块被安排多用途乔木和灌木的土地上，进行CA原则的综合系统。CA产业可以是粮食作物，而农林复合产业可以是水果/坚果、木材、饲料及肥料用树木和灌木	该系统既为粮食作物和经济社会目的的树木提供互利，又尽量减少粮食生产对环境的影响，并增强农场的其他部门韧性
6.集水	为植物生产、渔业和牲畜业以及家庭用途等其他目的进行降雨径流和洪水的收集和汇集	设计用于从屋顶、道路、岩石或其他集水区收集和利用降雨径流的系统，并有效利用
7.道路径流收集	收集和集中用于作物和渔业生产或其他用途的道路排水系统	设计用于收集和利用道路降雨径流的系统，并有效利用

（续）

术　语	定　义	关键指标
8.气候韧性家庭	具备气候韧性的社会经济系统家庭（见上文的气候韧性）	家庭满足了上述粮食安全的定义，增加了绝对收入和各种收入来源，提高了进入市场的机会，并采取了与CSA方法一致的综合农业措施
9.可持续增产	单位面积作物或其他植被/牲畜单产的持续稳定提高	通过在生产性地点周围的流域管理中使用CSA技术，实现生产的稳定和长期增长
10.生产力提高	单位面积作物或其他植被/牲畜产量的增加	生产力提高是通过比较同一季节内处理组和对照组的各种植物/牲畜产量来衡量的

第三章
气候智慧型农业的组成部分

3.1 采取气候智慧型农业行动意味着什么

气候智慧型农业（CSA）不是一种可以普遍应用的单一特定农业技术或措施。

它是一种需要实地评估的农业生产途径，因地制宜确定合适的技术体系和措施。CSA旨在通过采取系列适当措施，保证粮食安全，帮助社区适应气候变化，并为减缓气候变化做贡献。

这些措施以单独或综合的方式实施，包括：

（1）在不破坏环境的情况下，提高农场产出的数量、质量和利润；

（2）保护农民免受洪水、干旱等极端天气的影响；

（3）减少和消除使大气变暖的温室气体（CO_2、N_2O、CH_4、O_3）排放，或者捕获这些气体。

3.2 为什么运用CSA

良好的耕作措施可以保护生物多样性，减少温室气体（GHG）的排放量，并通过提高生物质产量来捕获碳。

（1）CSA可以提高土壤的含碳量，提高土壤的肥水利用效率，增强土壤蓄水能力，并使土壤易于作业；

（2）CSA提高成本效益的回报。

3.3 如何实施CSA

一些农场生产措施通过谨慎且协同地实施，可以限制气候变化的诱因，因此可以称为CSA行动。这种措施包括：

（1）选择适合所在地区的农业产业项目，例如在易受洪水侵扰的地区种植竹芋，在少雨地区种植耐旱玉米品种，在干旱地区选择耐旱的牲畜种类。

（2）农业产业项目多元化，以便当季遭遇极端天气时，一些产业项目仍然可以生存下来。

（3）适时适当的农场行动，如及时施用适当的肥料，使作物易于吸收，从而减少淋溶或转化为气体形式的损失。同时保证这种做法促进作物生长和早熟。

（4）实施水土保持措施，例如蓄水设施建设、少耕或免耕，种植能够快速覆盖地表且用水少的作物。

（5）间作或轮作豆科作物，以改善土壤肥力，甚至在歉收季节也能保障或增加收成。

（6）通过沼气生产和堆肥来管理农家粪肥，以提高土壤肥力和减少甲烷的排放。

（7）从事养蜂业，以保护环境，并促进自然资源增殖和生物多样性。

（8）促进奶业生产系统气候效率的增益。

（9）促进草地的恢复和治理。

（10）贮存干草，可在干燥季节使用。

（11）实施复合农作，以便尽可能多地在农场内利用一个产业的副产品来提升另一个产业的经营效益。

降低农业系统中GHG排放的CSA综合措施

CSA措施如下：

- 草场建设
- 奶牛养殖
- 沼气生产
- 利用沼液肥水的水产养殖
- 利用沼液施肥的农田

以下章节描述了CSA的大部分行动，这些行动如果得以综合实施，将有助于实现CSA的三大核心宗旨。

第四章
保护性农业

4.1 什么是保护性农业

保护性农业（Conservation Agriculture，CA）是一种可持续地增加谷物、豆类、饲料和经济作物产量的农作方法。构成这一方法的各种措施遵循以实现土壤、雨水和土壤养分保持，土地产出稳定并降低生产成本等目标的主要原则。

保护性农业的原则包括：

（1）最少的土壤扰动；

（2）地表永久覆盖：用碳富集的有机物料覆盖和哺育土壤（生物），例如，作物秸秆、作物残茬，包括绿肥等覆盖作物；

（3）作物轮作或接茬以及农林复合，这些复合种植体系可能包括固氮的豆科植物；

（4）化学投入品的平衡应用。

单是少耕管理减缓GHG的潜力为0.44 ～ 1.89吨 /（公顷·年）（以CO_2当量计）。

4.2 保护性农业——行动原则

永久性土壤覆盖的玉米田（覆盖）

农田间作轮作：香蕉和南瓜

最少的土壤扰动，用锄头挖的种植穴

具有永久作物覆盖的玉米田（金钱草）

4.3　为什么要实施CA

（1）CA提供了适应和减缓气候变化的解决方案，同时通过可持续集约化生产和资源生产力提升来保障粮食安全。

（2）它能够保持土壤肥力和有机质，提高养分投入的利用效率，使用较少的化肥生产更多的产品。

（3）它节省了农业能源的使用，减少了作物残茬焚烧所产生的碳排放，从而有助于将碳封存在土壤中。

（4）通过免耕，可以使因土壤微生物呼吸和土壤有机质氧化分解而产生二氧化碳，即碳净损失最小化，并通过土壤生物群和根系构建土壤结构和生物孔隙。

（5）地表覆盖层可为土壤微生物提供底物，这些微生物有助于改善和保持土壤中的水分和养分。也有助于植物光合作用捕获空气中的二氧化碳，从而使土壤有机质净增加，其地表及地表以下残留物随后被土壤生物群转化为土壤有机质并固存下来。

（6）包括豆科植物在内的作物轮作和复合种植，能够在作物根部保持固氮特性，从而有助于植物最佳生长，但不增加因化肥生产所导致的GHG排放。

（7）由前茬作物的叶、茎和根茬组成的保护土壤的覆盖物，可以使土壤表面不受热、风和雨的影响，降低土壤温度，减少水分蒸发。

（8）在极端天气、干旱、洪水、害虫和病害发生的年份，CA有助于维持产量稳定。

（9）CA降低了机器、燃料、化肥和劳动力的生产成本，与翻耕和除草相比，CA相当于在一定的周期内可以准备好3倍以上的土地。

（10）CA有助于减少土壤压实和犁底层，并使退化的土地得到恢复。

常规耕作下玉米的凋萎状况

保护性农业下玉米生长旺盛

4.4　如何实施CA

在实施CA之前，可能需要先解决土壤中一些生产限制因素。这些因素包括：

（1）土壤压实，这是靠近土壤表面的一个致密层，它阻碍雨水渗入土壤或幼苗在土壤中生长。它是由强降雨、动物蹄和农场设备车轮等碾压造成的。这一问题在沙土和黏土中尤为严重，使得这类土壤很难耕作。

（2）犁底层，这是在土壤表面下形成的一层致密的土壤。它使根向侧面弯曲，并导致涝渍和作物受害。犁底层是由于长期耕作或锄地到相同深度，土壤受挤压而形成的。

（3）通过使用松土机、深松铲、坑式种植以及种植具有强大且深根系的覆盖作物，可以改善土壤压实和犁底层现象。

同时，还应确保土地被生物和物理构造物保护起来，以防止由于陡坡或上游径流影响造成的土壤侵蚀。CA措施可以在已经实施水土保持构造物的地方发挥最佳作用。保持水土的方法主要包括：

①等高种植，以留住水，并防止土壤向下坡移动；

②挡水沟和截水沟系统，有助于留住农田径流水，使其渗入土壤；

③草带/农林复合/灌木的种植，这些植物屏障将起到过滤器的作用，以防止土壤流失，提高深层水分渗透，同时减轻雨滴的侵蚀能力；

④梯田（槽形梯田、台阶梯田）和沟岸构造物构建，可以直接在土壤中收集/捕获雨水。

4.5　实施CA的原则

a）免耕或少耕

土壤耕作仅限于作物将要种植的区域，不影响该区域外的其他部分，通常是以免耕和少耕为基础的。

免耕或少耕保持了良好的土壤结构孔隙，水可流到土壤剖面里并破除犁底层。少耕仅在某些条件下才能实现固碳，即有相对较高的降水量、较高的生产力以及大量的作物残茬作为碳输入到土壤中。

© 粮农组织/Barrack Okoba

①一种带有深松机的牛拉机具
②一种带有松土器的畜力牵引机具

可以使用工具和设备进行少耕，如松土机、深松机、凿式犁、播种机、种植棒或拨动器、手戳式播种机、动物牵引式播种机、机动或拖拉机牵引的播种机。

（1）开槽（浅沟）

这是在土壤中开辟一个狭窄的槽或浅沟，5～10厘米深，以改善作物根际对水分的存储，打破已经形成的地表压实，从而使土壤松动，使根系深扎，水向深层渗透。

开槽机是一种由动物或拖拉机牵引的凿形工具。不像胜利犁或铧式犁，开槽机不会翻动土壤。开槽可在旱季或栽植时进行。在开槽线中，可以手工种植或使用直接的手工播种机。大多数情况下则直接将动物或拖拉机牵引的播种机连接在开槽机上。

用牛拉的开槽机开槽　　　　　　　　　沟槽中进行戳土播种

（2）深松

这是在硬土层（比普通的犁底层更深或土壤更重的土层）进行的。深松机就像开槽机，但作业在更深的深度，有一个狭窄的长达20厘米的齿。它的作业深度可达20～30厘米，刚好在大多数普通犁底层的深度以下。深松机可安装在牛犁架或拖拉机上。深松较重的土壤一般需要拖拉机。

> ### 警　告
>
> 　　不必在每个种植季都进行土壤深松。当转换到CA时，可以只深松一次，之后每3年定期进行一次深松作业。
>
> 　　如果允许动物在土地上放牧或没有保持土壤覆盖，可能会促进犁底层形成，因此可能需要频繁地深松土壤。

有犁底层的植物根系结构 没有犁底层的植物根系结构

上一季收获后的土壤深松耕作——土壤残 使用拖拉机牵引的深松机对新土地进行深松
留水分最小时

妇女们使用牛拉的深松机

拖拉机牵引式三行播种机和动物牵引式播种机确保在播种和施肥时做到最少的土壤扰动

用普通锄头挖穴，施化肥/有机肥后播种

十字镐是挖种植孔的好设备

改善土壤压实和破除犁底层的其他方法包括：

（1）用种植坑打破犁底层

这些是在农民没有畜力或拖拉机牵引来打破犁底层的情况下使用的。这些种植坑比锄头挖得深一点。土坑只在将要种植作物的地方挖取，因此是一种最小范围的土壤耕作形式。在坑中施用化肥、粪肥和石灰等，确保植物养分的充足供应，一坑可以播种多粒种子。在种植坑中，实现原地雨水收集，并在坑中施用肥料，可以使水肥损失最小化。

（2）用根系强大的作物或树作为覆盖作物来打破犁底层

一些豆科覆盖作物和树木有强壮的根系，可以穿透坚硬的土壤，帮助水分渗透并建立作物根系群。该作物可翻耕后种植，也可与主作物一起间作种植，或进行轮作来打破犁底层。这类作物和树木包括：木豆（*Cajanus cajan*）、菽麻（*Crotalaria juncea*）、银桦（*Gravelia robusta*）。

坑式种植的土坑可以大到种植7～9株或小到种植1～2株作物。
CA实施原则包括少耕、覆盖作物（残茬覆盖和活体覆盖）和适当的作物组合，确保粮食安全、可持续收入和生计提升。

b）土壤永久覆盖（覆盖种植）

这是有意引入活体豆科植物材料、作物秸秆及覆盖物，长期覆盖到土壤表面，以防止雨水、太阳和风对土壤的影响。

土壤永久覆盖有助于：

- 构建土壤结构；
- 提高土壤肥力；
- 降低土壤温度；
- 提高土壤通气性和持水力；
- 降低杂草控制对除草剂的依赖。

覆盖作物通常是在种植主要作物的同一时期或休耕时期，在收获和种植经济作物期间，利用土壤中的残余水分。在下一茬作物种植之前或之后终止生长，但应在两种作物产生竞争之前终止生长。

如何选择合适的覆盖作物

覆盖作物必须拥有多种用途，例如：

- 提供可食用的种子和蔬菜；
- 提高土壤肥力；
- 用作动物饲料；
- 用作木材或篱笆材料；
- 抑制杂草，具有药用特性。

永久性土壤覆盖是在谷类作物间种植作物，比如豆类、豌豆和南瓜，或者把收获后的作物残茬留在地表上，比如玉米秸秆、高粱秸秆和落叶。

© 粮农组织/Barrack Okoba

土壤表面覆盖物包括：

- 覆盖物，例如来自缓慢分解的茎和叶（死体覆盖），比如来自作物/树木/灌木/草地的修剪的秸秆和叶片。
- 种植的覆盖作物（活体覆盖），种植或运用绿肥作物在土壤表面上以达到恢复土壤和减少土壤退化的目的。

（1）用于土壤覆盖的覆盖物

覆盖物有不同的来源，包括：

①覆盖作物：被砍倒，切碎，或者活体作物喷施除草剂后留下的作物体；

②作物残茬：来自收获后的一年生作物，例如玉米或高粱秸秆铺在表面。禾谷类作物的秸秆比豆科作物的秸秆更容易腐烂。

③乔木和灌木修剪：落叶和树枝可以用来覆盖土壤以及作为动物

饲料。这些树木和灌木可以沿着栅栏和等高线种植，作为防止土壤侵蚀的绿篱，也可以作为农林复合的保护性农业（CAWT）措施的一部分在特定种植区域内种植。

（2）用于土壤覆盖的活体覆盖作物

包括：

①非豆类，例如南瓜、红薯等；

②豆类，对于固氮植物，其根部带有特殊细菌的凸起物（根瘤，译者注），例如扁豆、黎豆、豇豆、木豆、刀豆、金钱草、野豌豆、猪屎豆、白灰毛豆等。

第一步：将覆盖作物套作在玉米或任何其他作物中。

第二步：玉米作物收获后，将覆盖作物留在地表。

第三步：割除覆盖作物，以便种植新的作物。
当新作物在覆盖作物上播种后的七周内，残
留物起到了良好的覆盖作用。

(3) 关于覆盖作物管理的提示

在覆盖作物（绿肥作物，译者注）播种时，应根据伴生作物特征（间作作物）、降水量和季节（湿润和干旱地区）来确定适宜的行距和播种量。

①一些本身不会结瘤的豆科植物需要接种根瘤菌。必要时可询问专家如何进行接种。

②在干燥地区或在雨季推迟的季节播种，可能需要进行种子催芽。

③在覆盖作物完全覆盖地表之前可能需要进行杂草防治以抑制杂草。

④与主作物间作时，需要控制覆盖作物的攀缘特性，避免缠绕主作物。可以通过经常检查和切断覆盖作物的卷须和藤蔓等嫩枝来解决。这种机动管理将有助于覆盖作物匍匐生长，而不是攀缘生长。

⑤为了避免病虫害，要轮换种植不同类型的覆盖作物，在极端情况下，可以考虑适当喷施化学农药。当地主要害虫包括豆荚虫（*Adisura atkinsoni*）、革兰氏毛虫（*Helicoverpa armigera*）、羽蛾（*Exelastis atomosa*）、斑足虫（*Maruca vitrata*）、布氏甲虫（*Callosobruchus* spp.）、根结线虫（*Meloidogyne* spp.）、肾形线虫（*Rotylenchus reniformis*）、根线虫（*Pratylenchus periodrans*）等。

⑥在作物生长季结束时，可能需要切断已经长大的覆盖作物，以控制它们的抑制特性并覆盖地表。也建议使用除草剂清除上一季的覆盖作物，但在较大的土地上可以使用刀辊式切茬机对覆盖作物进行粉碎。

(4) 根据现有的种植制度，确定何时种植覆盖作物

间作系统

- 推迟种植：建议在湿润地区进行，并确保在生长阶段减少对光和营养的竞争。

- 同时种植：可以在种植主要的谷类作物时，种植合适的覆盖作物。但这一般是在后期水分不足，覆盖作物延迟播种可能发芽不利的情况下进行。同时播种时，覆盖作物可能长得太快，阻碍主要作物生长。这就需要在覆盖作物生长早期切断其攀缘卷须。

土壤长期覆盖的原则

- 全年至少有30%的土壤表面被植物残茬或活体植物覆盖。
- 土壤覆盖物应具有生产足够生物量的潜力，以确保在生长周期内能够覆盖整个土壤表面。
- 覆盖物应腐烂缓慢，以便逐步恢复退化土壤，并使作物生长所需的养分缓慢释放。
- 豆类和草本植物的结合为作物生长提供了缓慢释放养分的最佳过程。
- 土壤覆盖物也应是低碳氮比（C∶N）。
- 适当选择能够广泛适应与常见作物轮作和间作的覆盖作物，在适用的情况下也能够满足牲畜生产的需要。
- 一些种植区域应专门用于种子生产，以确保在任何季节可获得覆盖作物种子。
- 不要用过多的覆盖物来掩埋或遮蔽植物，也不要把这些物质混入土壤中。

- 当谷类作物已经与豆类或其他食用豆类作物间作时，可能不需要覆盖作物。

套作系统

这是在主作物营养生长末期或主作物第一次除草期间，种植覆盖作物。然而，当已经有玉米（或其他谷物）和豆类作物存在时，豆类作物收获后，便可播种覆盖作物。

轮作/接茬种植系统

覆盖作物可在主要作物收获后种植。覆盖作物可以用来提供额外的覆盖物和牲畜饲料，还可以保持土壤长期覆盖，防止风蚀，阻止放牧。

如果雨季很短，或者只有一个雨季，而收获后的作物无法持续生长，建议进行接茬种植。即在雨季结束前的主要作物行间种植耐旱覆盖作物（如短毛麻）。覆盖作物将覆盖土壤表面，并在玉米（或其他主要作物）收获后抑制杂草。

c）作物轮作与复合种植

这是指作物种植次序（轮作）或与豆科作物间作（复合）的变化。这种做法将减少害虫、病害和杂草的发生，同时保护土壤。

在粗放的畜牧系统中，尤其是半干旱地区，作物或植物残茬利用存在一些挑战。

用作物残茬作为覆盖物对大多数牧民来说是一个很大的挑战。许多人会清除所有或大部分的残茬来喂养他们的牲畜，或者让动物在收获后到田地里直接吃作物的残茬。

建议农民尽可能多地将覆盖物留在土地上，但要留一些来喂养牲畜。采取有限制的放牧，特别是仍在实行自由放牧的地方。这将防止动物践踏和压实土壤，也阻止它们取食所有的作物残茬。

农林复合的保护性农业（CAWT）和建立林地将有助于从农场内采购植物饲料来喂养动物。

当覆盖作物遭受病虫害侵袭时，农民应实行轮作，而不是通过焚烧来控制病虫害。只有在非常必要时才使用杀虫剂。

白蚁能分解植物，帮助改善土壤有机质；它们还有助于疏松土壤，以提高雨水的入渗。

其他农民观察到：
- 持续覆盖可以杜绝因土壤湿润而造成的白蚁感染。
- 构建生物围篱，即利用不可口的植物或喷洒牛尿在植物篱上，使牲畜远离实施保护性农业的农场。

- 轮作或者与豆类复合种植可以改善土壤肥力和结构。
- 类似向日葵和木豆这样的深根系作物具有利用根部以下的深层营养和水分的优势，同时也能打破犁底层。
- 作物收获后留在土壤中的根系腐烂时，为水和空气形成了一个入渗通道，也可以作为一种防止犁底层形成的方法，因为它可以在底层留下空口，让其他作物的根进入土壤。
- 保护性耕作中的作物轮作可以减少杂草、害虫和病原菌。

作物轮作的其他好处

例如，大豆与谷物轮作将消除谷物锈病和禾本科杂草。

当与谷物轮作时，黎豆和扁豆将覆盖土壤并减少墨西哥罂粟的数量。此外，人们还发现，黎豆是控制狗牙根杂草的最佳天然方法。

玉米与爱尔兰马铃薯、甘薯、豆类、蔬菜等多种作物轮作可以控制玉米致命性坏死病（MLND）的蔓延，特别是在实行两季连作的地区。

分区轮作的图解

在下一种植季，A区的作物可以种植在B区，B区的作物可以种植在C区，C区的作物可以种植在D区，D区的作物可以种植在A区。类似纯林单一种植，避免在同一块地里种植同一种作物超过一季。

4.6 农林复合型保护性农业（CAWT）

CAWT是一个确保保护性农业包括树木在内的新概念，以增强人们对CA的理解，它可以提供饲料、燃料、建筑材料、水果以及其他产品和包括养分循环或"输送"在内的服务。在CA系统中将豆科树木纳入在内有助于固定大气氮，从而增加土壤硝态氮。

合适的树种选择和良好的管理可以大大减少对无机肥料的需求。

植物的修剪物在土壤中留下了大量的凋落物，这些凋落物可以增加土壤碳，有助于保持水分，增加养分含量和提高肥料利用率。

在CAWT系统中，需要有合适的树间距和管理措施，提供必要的营养，控制害虫和杂草，以优化生产和减少收获后的损失。

a）为农林复合经营系统选择树种时要考虑的树种特征

如果不确定所在地区最适合的树种，可以就近向农业部门咨询寻求适合当地且满足自身生产目标的树种。

确认该树种可以提供水果、药材、木材，如木麻黄（*C. equestifolia*）和银桦（*G. Robusta*），提高土壤肥力和提供饲料，如银合欢（*L. Leucaena*）、田菁（*S. sesban*）和朱缨花（*C. Calothyrsus*）和其他一年生作物。

CAWT农场模式的范例

4.7　CA的杂草防治

杂草的定义：生长在任何不需要的、不期望的、不值得的地方的植物或作物。

如果杂草没有及早得到控制，它们将侵占土地，导致作物绝收。杂草和目标作物共同竞争光照、水分和营养，是病虫害发生的主要原因和宿主。杂草存在的时间越长，控制它们就越困难。

杂草可以被归类为：

- 一年生植物：这些杂草通常在一年或一季内发芽、开花和死亡，例如鬼针草、墨西哥万寿菊。他们为繁殖后代留有种子。
- 两年生植物：指需要两年才能完成生命周期的杂草，例如荷包牡丹、毛地黄。主要分布于温带地区。
- 多年生植物：可以存活两年以上的杂草。例如狗牙根、莎草、狼尾草。它们利用块茎、鳞茎、根状茎和草冠进行营养生殖。

杂草控制可以通过使用物理和化学方法来阻止它们达到对作物有害的生理成熟阶段。常规除草除了费时费力外，如果在干旱季节进行或者当除草活动扰乱了底土和目标作物的根系生长系统时，也会损伤作物。

在CA实践中杂草控制至关重要，而且必须在正确的时间进行，不能让杂草成熟到产生种子。在实施CA的前几年，杂草控制可能比较困难，但必须要有耐心。当杂草还小的时候就被割掉留在土壤表面，也可以成为很好的地表覆盖材料。

CA为什么要控制杂草

- 杂草遮蔽了作物的光线，并与作物争夺水分和营养，挤占作物的生长空间，从而抑制作物生长，造成产量损失。
- 杂草有时会携带害虫和疾病，侵害作物。

在CA中如何控制杂草

出苗前或出苗后施用除草剂，此时使用方便，不影响土壤。喷洒用具有除草器、背负式喷雾器、手拉喷雾器、动物牵引喷雾器。

- 种植覆盖作物或间作可以覆盖土壤并消除杂草。使用那些生长迅速、植被丰富的作物，以抑制杂草生长，并确保他们不会损害主要作物。
- 在行间的表面铺盖覆盖物，这样杂草就很难生长。
- 使用刮草器或弯刀进行浅层除草，可以尽量减少对土壤的干扰，动土深度不超过2.5厘米。

© 粮农组织/Barrack Okoba

传统的除草对年老和体弱多病的农民来说是难以承受的，而且除草的措施不当会损害根系和杀死植物。

- 实行轮作，打破杂草的生命周期。
- 进行人工除草。

a）杂草控制

为尽量减少对土壤的扰动，杂草控制可采用浅锄、使用背负式喷雾器和喷洒器喷洒除草剂来实现，也可用种植覆盖作物和作物残茬覆盖土壤表层。降低杂草竞争和种群的CA方法见表4-1。

表4-1　降低杂草竞争和种群的CA方法

方　法	工　具	好　处
清除整个季节的杂草	刀，弯刀	防止杂草产生成熟的种子
浅层除草	手锄，浅层除草机	避免对深层土层的扰动和减少土壤水分的蒸发
使用适当的除草剂	背负式喷雾器，接触式喷洒器	广谱除草剂，如草甘膦能清除杂草；选择性除草剂能清除作物内部的杂草
种植覆盖作物	匍匐作物（如油麻藤、扁豆等）	在主作物种植时或2～3周之后种植覆盖植物
人工除草	拔除	在杂草少的地方，防止杂草开花

除草方法：使用背负式喷雾器、浅层除草机、接触式喷洒器和覆盖作物。

b) 除草剂的安全施用

（1）在使用任何除草剂之前，一定要仔细阅读说明书。

（2）检查说明书上的日期，以确保除草剂是否仍然有效。

（3）只从认证经销商处购买。

（4）将除草剂与清水混合。

（5）从合适的高度喷洒。这取决于杂草的高度和喷嘴的类型。

（6）对于手拉或动物牵引的喷雾器，请调整喷杆的高度，使喷嘴喷出的喷雾均匀地覆盖杂草，不要重叠太多，也不要留有间隙。

（7）不要年复一年地使用同一种除草剂，因为杂草可能会对它产生抗药性。

（8）穿戴防护服，避免除草剂对自己的伤害。

（9）在处理或施用任何除草剂后，应立即洗手、洗脸、清洗身体和设备。

（10）冲洗和清洁喷雾设备要远离水源，如井、池塘或河流。

c) 病虫害综合管理

什么是气候智慧型病虫害管理？

- 安全使用化学品，避免破坏生态系统。施用不当，会杀死一些有益生物，如蜜蜂和雌性鸟类。
- 一些耕作措施，如单作，会导致病虫害的增加。

如何实施气候智慧型农业？

- 结合耕作、生物、机械、遗传和化学方法，实施病虫害的综合防控。
- 采用对环境友好且不会杀死有益生物的化学品施用方法。比如，为避免杀死蜜蜂，应在下午（下午1时至3时）喷洒，此时花朵分泌的花蜜不多，而蜜蜂也不觅食。
- 通过在农场种植一种以上的作物种类来实现多样化种植，以减少病虫害的增长。
- 以寄生虫或天敌，以及对环境友好的植物和有机化学品进行病虫害驱除，使用生物防治病虫害的方法。
- 通过轮作和覆盖，打破病虫害的生命循环周期，实施病虫害的耕作防控。
- 种植抗病虫害作物品种。
- 甄别并机械扑灭受病虫害感染的植物或作物。

寄生黄蜂和掠食性螨、瓢虫和草蛉等捕食者在白粉虱的自然控制中起着重要作用。印楝树提取物作为印楝产品，可抑制未成熟期害虫的生长发育，击退成虫，减少产卵量。

在养蜂地区，像墨西哥万寿菊这样对蜜蜂有排斥作用的作物是有毒的，应该种植在远离蜂巢的地方。

第五章
土壤肥力提升措施

土地可持续管理（气候智慧型自然资源管理）的目标之一是通过降低生产成本、保持土壤肥力和节约用水来提高生产力与改善生计。焚烧作物残茬、砍伐森林和连续耕作的做法往往会破坏土壤结构，导致土壤肥力下降。

这些被压实和侵蚀的土壤几乎不能为家庭生产足够的粮食。虽然已有证据表明土壤肥力已经耗竭，也有人建议使用化学（无机）肥料来补充，但大多数小农无法负担所建议的化肥用量。此外，由于耕地面积缩减和气候变化的影响，农民无法获得足够数量的作物残茬作为饲料，而且还要留下一部分用在土地上进行循环利用，以提高土壤肥力。

因此，有必要制定适当的土壤养分管理办法，补充农民能够负担得起的小剂量其他类型的肥料。除了停止翻耕（翻转土层）外，建议农民经常通过深松的方式对土壤进行耕作。同时，在土壤表面留下大量的作物残茬，以确保就地收集雨水。农民可以在他们的农田里添加堆肥和粪肥，这两种被推荐用于改善土壤健康状况和提升土壤肥力的方法，将在下文中进行详细说明。

5.1 农家堆肥的制作与管理

堆肥是避免浪费有用的自然资源和引发环境问题的一种很好的方法，同时也能产生高质量和廉价的土壤改良剂。这是一种简单的富营养腐殖质的添加方法，可以促进植物生长，恢复贫瘠土壤的活力。它也是免费的，容易制作，并且对环境有益处。堆肥是将干湿植物材料与粪便混合，一起分解形成养分丰富的植物养料。堆肥是一种将有机物质转化为有价值的植物养料——腐殖质的自然过程。

5.1.1 为什么要进行堆肥

- 在大多数土壤中均有明显的土壤肥力耗竭情况。
- 堆肥是化学肥料的天然替代品。大多数小农户无法按推荐的比例施用化肥。
- 堆肥还有助于保持土壤水分，保护植物免受病害。
- 堆肥可以直接作为植物养料，不需要经过土壤微生物分解。
- 堆肥不会像大多数新鲜动物粪肥那样导致大量杂草生长。
- 可以向土壤中引入有益生物，可以疏松土壤，分解土壤有机质供植物使用。
- 可以对厨房和院子里的垃圾进行回收利用，将减少30%的家庭垃圾。

5.1.2 堆肥所需的材料

制作堆肥时需要收集以下材料：

- 粗糙的材料：嫩枝和树枝。
- 干的有机质（富含碳，译者订正）：玉米秸秆或其他作物的残茬，如木屑，干杂草等。
- 富含氮的有机物：绿色杂草，灌木修剪的枝条，如肿柄菊、荨麻、豆科树种等任何植物。
- 新鲜的动物粪便。
- 木灰。
- 水。
- 直径10 ～ 15厘米、长1.5 ～ 2米的杆子。
- 工具：砍刀和农具叉。

5.1.3 怎样制作堆肥

（1）选择阴凉的地方，但不要太靠近树干。

（2）选择好地点并用叉子或锄头把土壤翻过来。面积是1米×2米（1铲宽，2铲长）。

（3）收集堆肥所需的材料并把它们切成小块，使堆制过程更快。

（4）在大约1米×2米（1铲宽，2铲长）的地方用叉子或锄头翻土。

（5）先在十几厘米深处放置小树枝或稻草，有助于排水和通气。

（6）在中间放一根杆子。

（7）添加一层富氮物质（植物）。

（8）添加一层富碳物质。

（9）撒一些木灰、石灰、骨粉或磷矿（每平方米2把）。

（10）在上面撒上粪肥，大约4厘米深，2指宽。

（11）在顶部覆盖一些土壤，大约2厘米深，1指宽。

（12）在这层浇水，直到水渗透到堆的底部。

（13）继续堆积，像之前一样重复一层一层，直到达到1.5米的高度。

（14）最好用一层厚厚的稻草或塑料覆盖堆起来的肥料。这有助于保持水分和热量，并促进所堆肥料分解。它还能防止动物破坏。覆盖物还可以在雨季减少甲烷淋失和直接释放。覆盖物还可以减少有机质分解成有害气体，有利于保存养分。

1.选择阴凉的地方，但不要离树干太近。

2.先铺小树枝和稻草。

3.继续构建堆，重复步骤（5）~（13）中描述的层。

4.用一层厚厚的稻草或草覆盖在堆上。

制作堆肥堆的步骤

5.2 动物粪肥管理

为什么用动物粪肥？

如果使用得当，动物粪肥可以成为植物养分和有机质的宝贵来源，能提高作物产量，提高土壤质量。

现有证据表明，来自粪肥储存和加工以及在农作物和牧场上施用粪肥所排放的N_2O约占300万吨氮。

动物粪肥含有农作物所需的大部分营养物质，包括氮、磷、钾、硫、钙、镁、铜、锰、锌、硼和铁。

动物粪肥可以是固体、半固体或液体。粪肥的营养含量因牲畜种类的不同而不同。粪肥的指示性营养价值表现为氮（N）、磷（P）和钾（K）含量。

在畜牧业部门，粪肥储存和加工排放的温室气体相当于10%的总GHG排放（粮农组织，2014）。粪肥含有两种可以在储存和加工过程中排放温室气体的化学物质：

- 有机质，可以转化为氨（NH_3）和甲烷（CH_4）。
- 氮（N），可以转化为一氧化二氮（N_2O）排放。

在储存和处理过程中，N主要以NH_3的形式向大气中释放，随后可以转化为N_2O（间接排放）。不同畜禽粪肥养分含量见表5-1。

表5-1　不同畜禽粪肥养分含量

动物物种	氮（%）	磷（%）	钾（%）
兔子	2.4	1.4	0.6
鸡	1.1	0.8	0.5
绵羊	0.7	0.3	0.6
马	0.7	0.3	0.6
肉用公牛	0.7	0.3	0.4
奶牛	0.25	0.15	0.25

5.3　如何管理动物粪肥

在处理之前，尽量减少对动物粪肥的直接接触是至关重要的。因为粪肥（液态粪肥中的CH_4、N_2O和NH_3）的GHG排放水平取决于温度、储存方法和储存时间。以下是处理粪肥时影响GHG排放强度的一些主要考虑的因素：

- 动物粪肥（粪便和尿液）应立即收集并储存。
- 减少储存时间至关重要，因为长期储存会导致更高的GHG排放。
- 粪肥储存期间的温度高低会影响GHG的排放速率，在高温下会比在较低温度下排放更多的气体。
- 使用有盖储存设施可减少气体释放。
- 堆肥可减少GHG直接排放到大气中。在这种情况下，粪肥将被覆盖，随后分解成有害程度较低的气体。
- 通过将粪肥快速地混入土壤的改良施肥技术对于最大限度地减少GHG排放到大气中的风险至关重要。施入土壤后，这些混合肥料将有助于碳固存在土壤中。

粪肥收集步骤

在舍饲下收集粪肥步骤如下：

（1）理想情况下，厩棚应该以粪坑作为组成部分之一。

（2）粪块或新鲜的粪便会以固体形式被清扫或收集，并直接储存在坑内或收集点。

（3）用水清洗厕棚里的粪肥，把粪肥做成泥状，扫到粪坑里盖上。堆粪的地方应该被覆盖或置于阴凉处。

在粗放的畜牧业系统中，粪肥收集是一个烦琐的过程，但粪肥仍可以被收集，堆积和储存在阴凉处。

从牲畜棚里收集粪肥到收集坑的正确步骤：

1.

2.

将粪肥从收集坑中转运到堆肥地。

3.

覆盖粪堆。使堆肥均匀，并减少温室气体（甲烷）的损失。

粪肥收集和储存不良的例子

第六章
农场生产中的雨水收集

6.1　雨水收集是什么

雨水收集是为作物和畜牧生产及水产养殖而进行雨水或地下水控制。

6.2　为什么要进行雨水收集

通常情况下，丰水季节水分充足，而干旱季节缺水。

水通常是作物、牲畜、鱼类或饲料生产最受限制的资源。

水的收集和灌溉使作物或饲料在雨水不足或生长季节之外仍能正常生长。

收集用于灌溉的水有助于提高生产效率（单位投入产出），并在全年提供作物或饲料。

6.3　雨水收集技术类型

集水技术：包括集水坑、截流沟、道路径流集水、岩石汇水收集、屋顶汇水收集，建造池塘、水坝和水盘等进行雨水收集。

6.3.1　集水坑

一种浅、宽、圆形的坑，可以收集雨水并保持集水坑的雨水和土壤肥力，主要用于在干旱地区种植谷物或饲料。

集水坑可用于种植玉米、高粱、谷子等农作物

建造集水坑：
- 在地面测出一个直径为60厘米的圆；
- 用锄头在圆圈内挖至30厘米深；
- 将分解良好的粪便放入坑内；
- 在坑中种植4～8颗谷类作物的种子。

坑与坑之间的间距取决于每个坑的种子数量，但应确保每英亩[*]达到合适的植物群体数量。

在渗透有限和耕作困难的贫瘠、结壳土壤和软黏土斜坡（小于2%），集水坑具有土壤修复作用，但该处土壤应当较深。

6.3.2 截流沟和池

这些沟约50厘米宽和50厘米深，沿等高线挖，以留住雨水，使其侧向下渗入到土壤中。沟的底部可以平整，以保持均匀的水深；如果沟渠很长，可能需要对它进行分级，以使雨水流到最远的一端。

截流沟主要用于种植香蕉。

截流池为矩形或方形，大小约5米×5米；它们被小土堆围起来，以便使种植作物、饲料或树木的平坦土地被雨水的径流所包围。

© 粮农组织/Barrack Okoba

对于树木来说，截流池应该更大。对于系统的设计和树种的选择应该谨慎地进行，以确保水的深度和积水的持续时间不会太长而导致树木受害。

6.3.3 集流坑

在田地角落的许多地方或在斜坡区任何合适的地点挖掘大小为1米×2米×0.25米的坑。在下雨的时候，雨水和淤泥一起被收集在坑里，以提高作物的水分利用率。

© 粮农组织/Barrack Okoba

6.4 滴灌

在不断变化的气候条件下，最为重要的是促进雨水高效利用的灌溉技术。

---

[*] 英亩为英制土地面积单位，1英亩≈0.405公顷。——编者注

其中滴灌是首选，因为需要节约用水，并尽量减少与其他用水方法相关的排水问题。滴液器通常由供应商或其代理安装。

　　常用的两类滴灌配件是：大桶和滚筒。

桶式滴灌装置：水被收集或泵入并储存在凸起的水箱中。

水桶滴水箱：收集水并放入桶中。

第七章
气候智慧型技术之温室农业

7.1　什么是温室

温室是一种通过构建人工气候环境，以阻止极端性天气事件对农业生产的不利影响，获得高产的设施。它能够进行一定程度的温度、湿度、光线和空气流动的控制，并防止病虫害。

7.2　为什么使用温室

在不断变化的气候条件下，温室技术能够使农民实现以下目标：

- 通过改造和稳定控制植物环境，包括温度、光和 CO_2，实现高产。
- 创建集约化、高产、全年种植系统。
- 利用有价值的未利用的城市空间来生产丰富的用于销售或自己食用的经济作物。
- 防止病虫害进入作物生长环境。
- 通过滴灌系统（水肥一体化）精确施肥，确保水分和肥料的有效利用。
- 利用农产品上市时间的灵活性。
- 保持对土壤最少的干扰。
- 允许种植通常不适合当地气候条件和土壤的作物。

> 注：温室技术与温室气体没有直接关系。温室气体（GHG）是用来描述导致全球变暖影响的气体术语。大气中的这些气体允许热量进入大气，但是限制来自大气热量的反射（正如温室中聚乙烯的作用方式，可以使温室的温度上升），进而导致全球气温上升。

© 粮农组织/Barrack Okoba

一种温室的内部情景：滴灌下的盆栽植物

7.3　肯尼亚的温室农业技术

　　肯尼亚有各种大小不同的温室，通常被中小型农户所采用的有三种规格，它们也大多由服务商提供：①8米×15米；②8米×30米；③8米×60米。

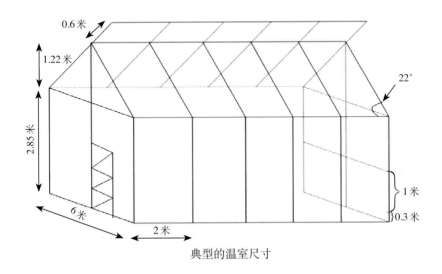

典型的温室尺寸

7.4　如何使用温室技术

　　市场上有各种类型的温室，特别是由不同公司和当地专家提供的现成的预制框架类型。虽然这些专家还可以帮助安装温室构建，但在安装温室时，应注意以下事项：

　　（1）在设计温室时，应该有多种式样和尺寸可供选择。

　　（2）温室的设计和建造是可定制的。

　　（3）温室规格的正确选择取决于生产所在位置、空间、预算，以及计划如何使用和使用时间。

7.5　温室安装应考虑的因素

　　（1）所在地区的极端天气和季节。

　　（2）建筑和材料：温室框架（支撑结构）可由木材、钢、铝或混凝土建造。现代温室通常是用钢或铝材料建造的。铝是首选的材料，因为它重量轻，坚固和防锈。木杆是建造低成本温室的首选。

典型温室

（3）一种高层温室结构（传统的A型框架温室，相对于墙体面积，屋顶面积较大）：

- 与低矮温室相比，它更有助于热量循环和控制，防止室内温度过高。
- 可以防止病害虫的滋生。
- 内部可以搭建附有一层绝缘层的黑色网状材料，以便室内降温。

7.6 温室结构的朝向

（1）尽量使盛行风吹向垂直于较长的桁架或屋顶，因此一般情况下，温室结构应该是定向的，较长的边面向东西方向，以获得最佳的辐射和阳光。

（2）温室门应位于短墙的边缘和一个为提供间接进入温室而建造的活板门。为了控制昆虫，活板门应该选暗色调。

（3）在侧壁上设置50%以上的通风口。这些通风口与室内的雾喷头、屋顶喷头或垫板推进系统相结合，以便降低温室的温度。

7.7 温室管理

温室的类型和管理取决于当地的环境条件。以下建议如果能被关注，农民就可以解决温室使用过程的一些主要问题（表7-1）。

温室需要妥善管理，以保持环境均衡，防止温室内的病虫害发生。温室的全年维护包括预防每个季节的可能灾害，如：

（1）病害管理

- 有限的空气循环、密集的空间和持续的灌溉会导致温室内湿度高，为许多真菌和细菌病原体的繁殖提供了最佳条件。
- 清洁措施，包括清除任何可能携带病原体的材料，防止病原体传播到健康的植物，或降低病菌从一个种植周期到另一个种植周期的存活率。
- 从清洁材料开始注意，避免通过种植材料传播疾病。
- 清除杂草和自生植物，防止建立病菌的替代宿主。
- 熟悉种植作物最常见的病害，在种植前进行观察，以识别和消除或控制病害。

表7-1　不同环境下建设温室的建议

区　域	建　议	原　因
白蚁出没的地区	建筑时不要使用木质材料。如果木材是唯一可用的，那么需要投入大量的资金用于处理白蚁 在将木料锚入洞前，将柱子顶部5厘米进行燃烧处理，不仅有助于控制白蚁，还可以防止湿气渗入木料导致其腐烂	白蚁会破坏木质结构
温暖地区	为较热的地区选择适宜的结构设计 使用通风设备和调节湿度控制温度	调控温度以便作物能够在温室中健康生长
寒冷地区	选择可提高温度的结构	控制温度以便作物能够适应温室条件而健康生长
强风地区	温室建造要考虑风向 种植防风林或建造防风场地	气候变化将带来更强的风
多云的地区	温室朝向应该是：较长的一面朝向东西方向，以获得最佳的太阳辐射和光线	最大限度地利用阳光

（2）熏蒸

- 清除农作物病虫害。
- 如果植物被感染，应使用杀菌剂。
- 在施用杀菌剂前，应修剪或去除受感染的组织（花、叶），以消除产生孢子或繁殖体的来源。
- 丢弃修剪的和剔除的植物。
- 不要将室外土壤带入温室生产区。
- 不要沿着地板拖动软管和其他工具，因为被感染的土壤和植物残体可以粘在地板上，并被移动到清洁的表面。
- 限制出入区的交通流动，特别是如果在附近发现了入侵性或容易传播的疾病。
- 在温室中使用含有消毒剂的足浴，以防止携带繁殖体到清洁区域。
- 对花盆、长凳、地板和工具进行消毒，以去除孢子和繁殖体。

7.8 温室内必要的附加措施

- 在没有足够阳光的情况下可以使用园艺灯。
- 在温室内放置通过相变储存热量的材料，尤其是在保温效果差的情况下。这样可以确保将通过玻璃进入的热量留在温室内。混凝土、岩石和水可以长期保持热量，并可用于温室夜间保暖。
- 将五水硫酸钠和六水氯化钙等化合物放在温室内，它们在白天融化，并吸收太阳的热量。到了晚上，这些材料会变成固体，并将储存的热量释放到温室内。
- 尽量保持温室内温度在20～25℃。相对湿度超过60%会增加植物和人体感染病原体的风险。
- 大多数温室都装有通风设备，以使空气流动，并保持新鲜空气流向植物，以便植物呼吸循环正常。使用自动通风设备，以确保温室内有足够的空气流通；或建造的温室在门或通风口打开后可确保自然通风。

第八章
奶牛场管理

8.1 改善动物健康

为什么要改善动物健康？

健康良好的奶牛群有助于减少畜群的消耗，确保畜群中非生产性部分的牛群数量较少。这意味着只有从健康的动物身上才能实现更高的生产效益。因此，从长远来看，旨在减少奶牛疾病和疾病产生环境的干预措施，不仅将减少GHG排放，而且可确保奶牛场的产品增加量高于GHG排放的增量，降低排放强度。

此外，健康的奶牛对气候变化的影响有更好的适应机制，如高温、疾病增加，包括可造成重大经济损失的重要疾病的传染媒介。

如何改善动物健康？

可以改善动物健康的一些干预措施，包括：

- 驱虫和接种疫苗；
- 农场级生物安全措施的应用；
- 选用适当的畜牧淘汰政策；
- 构建疾病监测和预警系统。

8.2 改善动物营养

为什么要改善动物营养？

GHG排放强度与生产者使用自然资源的效率之间有直接联系。对畜牧业生产系统来说，氧化亚氮（N_2O）、甲烷（CH_4）和二氧化碳（CO_2）的排放代表了氮（N）、能源和有机物的损失，从而降低了生产效率和生产力。因此，构建一个有效的奶牛营养系统对于降低GHG排放强度至关重要。

如何改善动物营养？

减少GHG排放的可能干预措施在很大程度上是基于提高动物和畜牧生产效率的技术和做法。饲料的组成对肠道发酵和瘤胃或后肠甲烷排放有一定的影响。采食量与排泄物的量也相关。因此，具体的干预措施包括：

（1）使用优质饲料：指含有维持生产所需的足够营养的饲料。低质量、高纤维的饲料在被奶牛食用后，不能被瘤胃微生物充分利用，常常产生大量甲烷气体。

（2）均衡饲料营养：这对降低肠道和甲烷排放有积极的效果，因为它能有效地为微生物提供必需的营养元素。随后确保微生物合成过程将甲烷和氧化亚氮形式的营养损失降至最低。此外，营养均衡的饲料也能最大限度地减少因

豆科饲料作物——金钱草

作物残茬加工

营养缺乏而引起的疾病。

（3）增加饲料中浓缩物的比例：在正常情况下，微生物分解纤维状饲料会导致更高的甲烷产量。如果没有相应的蛋白质补充和能量的来源，释放的甲烷将不会有效减少。这将是奶牛在排泄过程中释放的温室气体的主要来源。

浓缩饲料

（4）饲料添加剂的处理和使用：这包括硝酸盐和膳食脂类，通过提高瘤胃微生物效率来帮助解决甲烷大量产生的问题。

（5）无致病性饲料：向牛提供充足的水和无病饲料，可将通过饲料传播疾病的可能性降到最低。

（6）最佳载畜率：确保牲畜单位（LUs）与可用的饲料资源相匹配，以持续提高奶牛的生产力。

（7）饲料保护：通过低成本的青贮和干草制作技术进行饲料保护是饲料计划过程的一部分，可以提高奶牛管理的韧性。

（8）使用改良的牧草品种：使用改良的牧草品种和豆科牧草植物，可以提高动物的生产力。从长远来看，单位面积产量高且易于消化的生物质饲料将减少饲料生产的土地面积，并提高肠道效率。这可以作为提高饲料转换效率以减少动物数量的基础，对GHG减排也有积极的影响。

（9）轮牧：轮牧可以使牧草保持在一个相对较高的生长期。这提高了饲料的质量和消化率，提高了系统生产力，减少了单位活重（LWG）中CH$_4$的排放。轮牧更适合有管理的牧场系统，可以减少围栏和灌溉点的投资成本、额外的劳动力和更密集的管理成本。

轮牧可以提高牧草品质，提高动物生产力。

8.3 改良动物品种

为什么要改良动物品种？

改良动物品种的目的是通过有计划的遗传改良来提高生产效率和产品质量。快速生长的奶牛将能量从饲料转化为生产的效率更高。改良的品种其肠道损失较低，因为从饲料材料中提取的营养元素含量较高，从而导致以粪便形式排出的废物较少，因此粪便中释放的GHG较少。

©粮农组织/Barrack Okoba

健康的小牛——选育优良的产物

如何实现动物品种改良？

a）杂交计划

在气候变化的背景下，杂交可以被视为一个改良计划。因为它提供了一种可以使适应气候变化的牛品种（如耐热性、抗病性、适应性和繁殖特性）得以发展的策略，有可能同时带来保证粮食安全方面的好处。

杂交育种可以通过以下几种方式进行：

（1）双向杂交：这是一个简单的系统，即一个品种的公牛与另一个品种的直系繁殖的牛结合。杂交可能涉及异国奶牛品种（Friesians × Jerseys）或本土及异国奶牛品种（如Friesians × Borans）。

（2）三元杂交：在这个杂交中，涉及3个品种。这是最多产的系统，因为正确品种群体的F_1雌性可以最大限度地提高母性杂种优势的生育力、挤奶能力和奶牛寿命。由此产生的奶牛品种可以被选择出来，以适应环境变化。

（3）四元杂交：该杂交育种涉及4个品种。三元和四元杂交，可用于发展复合品种。然后对杂交品种进行选择，以便只保留具有理想性状的种群（如低饲料需求、耐热性、高繁殖能力等）。例如，肯尼亚的双重用途的沙希瓦牛（Sahiwal）。

b）引进适应性强的奶牛品种

源自欧洲温带地区的肯尼亚奶牛。这意味着这些动物在国内较冷的地区或通过适当的房屋和庇护所可调节温度的地方生长得很好。乳制品企业的成功取决于选择适合当地环境条件的奶牛品种。

在气候变化背景下，重要的是要确定和进口那些已显示出对气候变化具有适应能力的动物品种。这一点至关重要，即使在气候变化的情况下，这些品种也会因为它们的适应能力而提高产量。在肯尼亚，一些牛品种已表现出如下有利的适应机制：

- Sahiwal品种：双重用途，对不良饲料和高温有良好的适应性。
- Ndama品种：耐锥虫。
- Fleckvien品种：适应低质饲料。

c）选择本地牛品种

涉及适应当地气候压力和饲料来源的本地品种。在引进产量相对较高但没有很好适应环境的牛品种具有挑战性，因为它们将面临持续的生存风险。

因此，从现有种群中选择适应性强的牛至关重要。这将涉及识别和保留一些比其他个体具有更高生产力的牛。

本地高产牛种

在品种改良中，选择是最严格和密集的实践过程。如果成功进行选择，其结果将确保动物潜力（基因型）和环境之间的互补性。因此，选择可使动物基因（基因型）适应环境，使动物在生存、生产和繁殖方面的表现达到最佳水平。

（1）选择过程

选择可以通过视觉评估（对于主观测量的性状）或遗传评估（对于客观测量的性状）来完成。

（2）主观的视觉评估

视觉评估是一种基于动物的外表所能看到的评估。在视觉评估家畜时需要注意的特征包括：

- 动物的构造或形状，如肌肉。
- 动物的结构特征，例如嘴是上突出还是下突出。

（3）客观的遗传评估

客观的遗传评估通过使用实际测量来评估动物在其环境中的相对价值。客观评估是遗传评估的一种形式，它为了解动物的遗传组成提供了一个视角。当需要根据企业的养殖目标来改善一个牛群或羊群时，是特别有用的。

（4）奶牛的简单选择标准

无论采用何种选择过程，农户可通过以下指标来选择优质奶牛：

- 产奶潜力（可以从祖先的表现来衡量，通过观察构造特征，如乳房大小、盆腔宽度、乳头大小、颈部大小和形状、身高、体长和赘肉大小。
- 断奶和一岁时的生长速率（生长阶段）。
- 初生、受孕和分娩时的年龄。
- 繁殖效率：以每次受孕接受服务的次数来衡量。
- 抚育能力。
- 难产情况。

8.4 提高乳产量

（1）为什么要提高乳产量？

每次泌乳量大的高产奶牛通常表现出较低的碳排放强度。提高动物和牛群的生产力可以降低碳排放强度，同时增加奶量。因为所排放的碳更多地被分摊到牛奶产量，稀释了相对于动物的维持需求的排放量。

（2）如何提高乳产量？

①对有助于减排的措施和技术进行改进，例如提供优质饲料，促进高性能奶牛遗传。众所周知，如果给牛提供营养丰富的口粮，如谷物补充剂或改良的饲料，牛将长得更快，产奶更多。因此，可以在更少的土地上饲养更多的牛，每单位牛奶的碳排放量也更少。

©MoALF/Kesei

高产奶牛

②优良的牧畜管理、动物健康和畜牧业实践，提高资源用于生产目的的比例，而不仅仅是用于维持动物数量。

③减少单位产奶量的现存生物量（无论是在哺乳期还是在替代畜群中）。因此，每单位牛奶的影响在奶牛个体和奶牛群体水平上均被降低。

第九章
牲畜粪尿的沼气生产

9.1　用于沼气生产的粪尿管理

为什么要进行粪尿管理，以生产沼气？

粪尿产生的GHG是一种能源损失形式，当粪尿被送入沼气池回收时，将是一种基于CSA宗旨的清洁能源。奶牛和其他牲畜的粪便会释放出N_2O和甲烷，占农业GHG总排放的7%。进行粪尿管理以生产沼气，不仅可以减少GHG的排放，而且还可以通过从乳品生产系统中产生沼气，为可再生能源创造机会。

9.2　如何进行粪尿管理以生产沼气

通过使用沼气技术减轻气候变化，还需要解决以下问题：

（1）在生产层面建设有效的粪尿收集系统，如集约化和圈养动物。

（2）使人们认识到利用粪尿作为生产可再生资源的潜力，以及可再生能源替代薪材，进而减少以木材为基础的燃料造成的空气污染来保护环境和促进健康的潜力。

（3）就现有沼气系统的设计、建造、效率和维修要求以及燃料成本效益对住户进行培训。

（4）用沼气衍生的生物泥浆（沼液、沼渣）提供的有机肥料，其质量比未经处理的粪肥要好得多。

粪尿从牛棚流向消化器、存储设备（折流器、浮桶等），产生的沼气再通向厨房，然后粪尿副产品直接流向农田和鱼塘，最后进入牧场。

第十章
改进牧场与饲料的管理

10.1 为什么要改进牧场与饲料的管理

牧场管理对于确保在任何时候都能获得优质和高产的牧草，同时确保土壤被植被充分覆盖至关重要。牧场管理不善将导致土地表面覆盖的损失，从而引发土壤侵蚀和牲畜生产力的下降。草地植被的减少也会降低草地对二氧化碳的吸收能力。

土壤侵蚀将导致土壤有机碳进一步释放到大气中。改良的土壤覆盖和高产优质牧场有助于提高牲畜生产力，同时减少反刍动物的温室气体排放。此外，它还有助于建立牲畜饲养者对因气候变化导致的干旱加剧的抗逆性。

放牧地管理的常见错误

- 存栏率与预期饲料产量不匹配，并仍维持历史存栏率。预计年降水量是调整存栏量的一个良好的指标，当预期降水量高于正常水平时，牧畜增加，而当预期降水量低于正常水平时，牧畜减少。过度放牧使裸地增加、水分入渗减少和土壤侵蚀。

- 坚持"取一半，留一半"原则。在较低的茎和根中不留下足够的营养储备会阻碍牧草再生，最终导致植物死亡。收割的时候离地面太近会导致植株营养储备太小，从而导致牧草来年才能再生。如果重复这样的过度放牧，植物将会因失去再生能力而死亡。

- "一半"并不一定是全年产量的一半，因为植株的25%产量被食草昆虫、野生动物践踏和放牧损失掉。因此，目标是达到每年干物质（DM）产量的25%。

- 存栏率应因地而异，避免泛泛的建议。

- 存栏率必须考虑干旱因素。水资源的开发和存栏率的调整是干旱期生存的关键。降低牧畜的可能方法是按照以下顺序来考虑：没有小牛的奶牛、没有怀孕的奶牛、有缺陷的牛、肉用公牛、年轻的替代母牛、老牛、瘦母牛，最后是状况良好的牛。

- 有毒植物未被清除，被食用后会导致牲畜生病或死亡。一般来说，有毒植物的增加表明管理不善。

非洲虎尾草 苏丹草

建立成功牧场的七个步骤

- 谨慎选择牧草品种——在选择牧草品种时，需要考虑几个因素，如气候、产量（生产力）、持久性、营养价值和动物健康问题。确定饲料需求，所需土地的大小和资金的可用性，以及机械和劳动力的需求。

- 控制杂草——从平整的田地开始，确保多年生杂草在播种前得到控制。同时，要考虑其他危害，如虫害，应尽早进行防治。

- 正确选择种子——尽可能在推荐的播种量下使用干净、纯度高的种子。施用适当的肥料，或者在豆科作物播种前接种根瘤菌。

- 确保土壤水分充足——当后续降雨得到保证时，播种到潮湿的苗床上。

- 准备好种床——目标是构建一个良好、牢固、无杂草的种床，确保种子被覆盖。

- 尽量减少与其他作物的竞争——当与其他作物混种时，要考虑对营养、光线和水的竞争。

10.2 裸露的牧场如何恢复

（1）延迟放牧

一种延缓或推迟放牧或收获的管理策略，以达到特定的目标，如植物繁殖、建立新植物或自然再生积累供以后使用的饲料。这是牧场恢复的一种选择，当土壤种子库被认为是充足的，需要禁止放牧，给植物恢复活力的机会。

（2）牧草复播

当土壤侵蚀已经广泛导致土壤种子库的损失，或者由于过度放牧而产生的选择压力已经消除了想要的适口草种时，复播是一个可行的选择。在严重退化的牧场上，第一个实际步骤是以制作微型集水区的形式对陆地表面进行物理处理。

微集水区由集水区和入渗坑两部分组成。降雨径流是从一个被清除或缺乏植被的小集水区收集的。斜坡和土堤的设计是为了增加雨水径流，并将其集中在种植坑内，在那里雨水渗入并有效地"储存"在土壤剖面中。

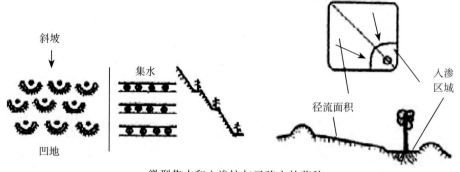

微型集水和入渗坑与已建立的草种

利用微集水区进行土地植被恢复

其目的是在裸露的土地上形成马赛克状的坑，在这个过程中，只有20%的土地被干扰。

在坑内，推荐以8千克/公顷的播种量播种植物，如生草、绿草、水仙草和卫门爱草。众所周知，这些草具有良好的放牧价值，容易种植且耐旱，并能够通过产生足够数量的可育性种子而长期生存下来。此外，还应加入豆科饲草，例如：大结豆建议播种量为1.6克，2平方米；圆叶决明，建议播种量为1.0克，2平方米；柱花草，建议播种量为1.4克，2平方米；苦参碱，建议播种量为1.4克，2平方米。

10.3 如何保存和储备牧场

动物的需求相对稳定，但牧场的生产完全依赖于自然降雨，存在饲料短缺和过剩的时期，因此需要保存牧场。

（1）**为什么要保存牧场**？

牧场保存的目的是通过收获剩余的牧草，在资源稀缺时利用优质牧草。而如果在旱季利用劣质牧场，动物肠道发酵效率低下，导致甲烷排放增加。

（2）**如何保存牧场**？

下面重点介绍制作干草的主要操作：

- 刈割牧草。
- 翻转使其均匀干燥，有助于散热，减少发霉和发酵的危险。
- 排草，即把切好的牧草排行，以便进一步处理和收集。在炎热干旱的条件下，这可以保护作物防止破碎和变白。
- 捆绑或放成一小堆，这是一些手工干燥系统的中间阶段。
- 运送和存储。

饲草采收及打捆

（3）干草制作中的损失

- 鲜草发酵导致作物收割后即开始损失，这是植株汁液的酶氧化和细菌及霉菌在作物表面活动的结果。
- 在田间搬运、收集、运输和打捆过程中机械作业引起的叶片损失。
- 如果在加工过程中雨水落在作物上，就会发生淋溶性损失。

高屋顶的干草仓库

10.4 如何制作青贮饲料

青贮饲料是在无氧条件下通过发酵保存高水分含量的饲料。水溶性糖含量高、水分在20%～70%的饲草适宜于充填，制作青贮饲料。

不过，过干或过湿的草料只要经过增加或降低含水量的预处理，仍然可以用来制作青贮饲料。同样，低含糖量的物料也可以通过添加水溶性的糖类如糖蜜来进行青贮。

第一步：选择一根防水管，绑好底部。

第二步：将饲草材料压紧放入筒内。

第三步：盖上贮料筒并安全储存贮料筒。

青贮饲料准备的基本步骤

1. 准备含水量在20%～70%的饲草。
2. 把饲草切成2～2.5厘米的长度。
3. 如需要，可向材料中加入水溶性物质，并有效混合。
4. 在青贮窖内填充物料，确保该过程在短时间内完成。
5. 填充时将物料压实。
6. 密封物料，确保空气从青贮窖中抽出。
7. 储存在阴凉的地方。

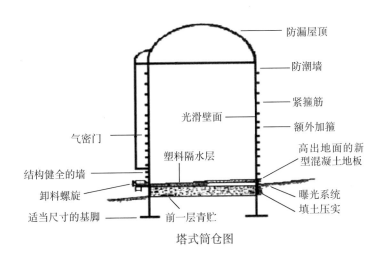

塔式筒仓图

筒　仓

坑　仓

第十一章
养　　蜂

饲养蜜蜂不仅可以取得一定的经济收入，而且还有许多其他益处，如蜂蜜可作为食物，可治疗人类各种疾病，并且还有经济收益。此外，蜜蜂是许多植物、水果和农作物的传粉者，有助于提高这些植物的产量和生物多样性。授粉可以确保生产力，促使生物多样性和遗传演替的连续性。通过蜜蜂授粉，可以保障农作物、树木和灌木对土壤的覆盖。授粉确保了植物在生态系统中的存在，大大提高了生态系统的碳汇。蜂群在确保生物多样性、生产力和传粉的可获得性方面非常重要。因此，需要确保蜜蜂繁殖机制良好，以实现遗传多样性的可持续演替。

11.1　气候智慧型蜂业与森林保护之间的联系

气候变化是由于进入大气的GHG增加。养蜂本质上是为了生产蜂蜜和蜂蜡。通过人工智能农林业的实践，可以将养蜂业整合到一个树木与粮食/经济作物的间作系统中来。这三者之间的相互关系是，蜜蜂是树木良好的传粉者，树木通过固碳来抵消部分碳排放，从而减少气候变化的影响。

通过这种复合种养，养蜂人也从农作物和天然森林中获得了收入。因此，对养蜂人来说，通过减少破坏活动来保护这些森林也是很重要的。

©粮农组织/Barrack Okoba

11.2 CSA养蜂与天然林资源保护相结合

a）为什么CSA养蜂要结合天然林资源保护？

自然森林资源保护很重要，因为它们是GHG的吸收库。同时，养蜂人需要认识到自然森林的重要性并保护它们，因为它们可以提供有利于蜜蜂的产品，帮助他们获得更好的生计。

b）如何使CSA养蜂与天然林资源保护相结合？

自然森林资源保护可以通过使人们认识到森林的重要性，并且利用森林获得利益。养蜂人应识别、宣传和保护蜂蜜和其他产品的生产，有助于保护环境，使得他们利用森林获得更好的生计。

为了从天然森林资源中获得持续的利益，人们应学习关于宣传和保护森林的优良措施。这有助于减少森林破坏和退化，从而使他们成为这种资源的拥有者。

11.3 支持作物生产和自然森林保护的气候智慧型养蜂措施

a）什么是气候智慧型养蜂措施？

气候智慧型养蜂和自然资源保护的有效结合非常重要，可以改善生计，提高生产力。

苗圃建设是重要的，因为它可以增加蜜蜂采集花蜜和花粉的蜂源植物和灌丛。

多重使用蜂箱：郎氏蜂箱用作栅栏，防止大象进入国家野生公园旁边的农场。

b) 如何实现气候智慧型养蜂做法？

- 鉴别适合生产花蜜和花粉的树种。
- 了解对蜜蜂和人有毒的植物。
- 了解花期，从而把握蜜汁分泌季节。
- 鉴别蜜源植物种类，比如罗圣勒草。
- 了解对蜜蜂产品有不利影响的植物，如芦荟、大戟草和剑麻。

11.4   蜂场建设作为CSA的一部分

蜂场是将蜜蜂养殖用于家庭或商业目的的场所。在蜂场里，可以有一只蜂箱到几百只蜂箱。在建立蜂场之前，养蜂人需要技能和设备来有效地管理他们的产业。在选择养蜂地点之前，养蜂人应该具备多方面的知识和技能。这些技能包括：

- 了解蜜源植物：可以提供植物开花时间和模式的信息。对于一个好的养蜂人，用大量的花来吸引蜜蜂，并了解从植物萌芽到实际开花的时期是非常重要的。要选择花蜜和花粉多的植物。最好的养蜂地区包括森林林地，具有大量花草或灌木覆盖的草地、灌丛，有花蜜产量高的农作物也可以是优良的养蜂地点，如向日葵、咖啡、剑麻豆、香蕉、柑橘、西番莲等的农田。
- 水源：养蜂在很多方面均需要水，如冷却蜂巢、喂养幼虫和自己使用。养蜂区可以靠近水源。如果没有永久水源，可以用带有漂浮棍子的容器提供水，让蜜蜂踩上去避免溺水。
- 蜜蜂与人的冲突：养蜂场的位置应该远离公共场所，远离经常有人耕作的农田。避开学校、公路和庄园，以免蜜蜂滋扰人类。
- 篱笆或树篱：蜂房周围的树木和灌木丛会让蜜蜂在离开蜂房和返回蜂

红千层（花蜜和花粉）

金合欢（花粉）

房时飞得很高，从而降低了对附近企业活动造成滋扰的风险。这个区域应该用栅栏围起来，以防止家畜和其他动物干扰蜜蜂。

蜂巢也可以储存在房屋结构中

- 遮蔽物：聚集区应该避开猛烈的太阳、霜冻、风和洪水等影响。风可以导致蜜蜂漂移和沟通不良。在养蜂场建立人工或自然遮蔽物是必要的。
- 排水：建议在排水良好的地方，避免蜜蜂因湿度高而飞走。潮湿的土壤会导致蜂箱和支撑柱腐烂。
- 易接近性：养蜂区域对养蜂人、商业蜂房、车辆和人流都应很方便到达。
- 害虫：养蜂场应该远离经常受到害虫、獾、蚂蚁和人袭击的地区。
- 火灾危险：避免频繁发生丛林火灾的地点，或者把养蜂场的草剪短以减少火灾危险。

警　告

在农作物中使用农用化学品（杀虫剂和除草剂）来消灭害虫和杂草，会杀死蜜蜂。

让农民认识到蜜蜂在维持生物多样性方面的重要性。

如果使用农药清除所有的蜜蜂，授粉就无法进行。

由于一些化学品对目标害虫或草本植物的非选择性施用，会导致蜜蜂大多在觅食期间被毒死，而且持续地使用这类化学品也会导致生态系统退化。

11.5　养蜂的设备及附件

a）蜂箱

蜂箱是容纳蜂群的主要设备。现代蜂箱具有标准尺寸，适合理想的蜂群环境，以确保生产力。

b）防护装备

这包括整体的保护服、面纱和手套。保护服前面是由结实的斜纹棉与拉链构成。

它很合身，也很宽松，在从事养蜂工作的时候适合穿戴。面纱是用来保护头部、颈部和面部免受蜜蜂叮咬的。

手套保护手不受蜜蜂蜇伤。它们应该用光滑、柔韧的皮革制成，正好套在蜂服的袖子上。

当从事养蜂工作时，应始终穿着橡胶靴并将其覆盖。裤腿不应该塞进靴子里。

蜂服

烟枪

这是提供烟雾的设备，可以制服蜜蜂，使采蜜工作更容易。在没有烟枪的情况下不要进行采蜜相关工作。在工作前要确保有足够的燃料来产烟，如旧布、碎布、草或木屑。

蜂箱工具

这是一根刀状的铁棒。它用于撬开蜂箱顶部门闩。它也可以用于从顶部的棒子上去除蜂胶，或在收获蜂蜜时切割蜂巢。

蜜蜂刷

这种刷子由柔软的剑麻纤维制成，在采蜜时用来把蜜蜂从蜂巢里扫走。

11.6　蜂场的承载能力和养蜂距离

a）蜂场的距离

这取决于花源的面积和一个区域内的蜂群数量。为了避免疾病的传播，商业养蜂场的半径至少为2～3平方公里。

b）承载能力

在1英亩的优质林地里，平均可以轻松地建立60个蜂箱。在植被稀疏的地区，如草原，可以少于这个蜂箱数。在确定最终的蜂箱数之前，需要调查蜜源植物情况。

c）蜂箱设置和悬挂

蜂箱悬挂是为了提供一个方便的工作高度，以及防止害虫和捕食者对蜜蜂的攻击。通常蜂箱悬挂在离地至少1米高的两根柱子之间。入口应该朝外，柱子应该牢牢地固定在地面上，以避免有蜂蜜情况下蜂箱加重，木桩歪斜。

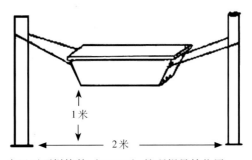

1米

2米

肯尼亚顶栏蜂箱（KTBH）的理想悬挂位置

蜂箱悬挂模式包括：

①单个蜂箱模式：指单一的蜂箱悬挂在两个距离2米的柱子之间。它使用了许多柱子和很多空间，因此当挂许多蜂箱时，这种做法不经济。

②直线模式：将蜂箱挂在一条直线上。特别适合狭长的地带。

③T模式：蜂箱被悬挂成T形图案。

©MoALF/Mbae

排成一列的KTBH

④交叉模式：蜂箱呈"十"字形悬挂，中心的一根柱子供4个蜂箱共用。这是一个非常经济的模式，因为它节省了柱子和空间。

KTBH以T形方式悬挂 　　　　　　　　KTBH以交叉的方式悬挂

11.7　蜂场的管理

a）蜂群应至少每月检查一次。

为什么？

- 因为要时刻了解你的蜜蜂；
- 了解那些性情温和的蜂群、产蜜的蜂群、紧张的和不太喜欢结群的蜜蜂，以保持蜂房内蜂群数量的增加。

b）通过清除蜂场里的杂草来保持蜂房的清洁。

为什么？

- 可以赶走蚂蚁和甲虫等可能攻击蜜蜂的害虫。

c）经常给蜂箱挂线涂油。

为什么？

- 可以避免其他昆虫爬进蜂房。
- 检查时，应检查蜂房内是否有可能骚扰蜜蜂的昆虫或害虫，例如蚂蚁、老鼠、蛇、蜘蛛、甲虫等。

d）检查蜜蜂在入口处是否有异常行为。

为什么？

- 蜂群的行为可以反映蜂巢的状况，比如，沿着入口聚集的蜂群可能意味着过热，或者蜜蜂想要结群，或者由于蜜蜂过多和未采蜜而造成空间不足。

11.8　保存记录

保存记录是农民的一项重要的农业活动。

为什么？

- 记录有助于跟踪某些特征，这可能有助于纠正某些状况。
- 养蜂人可以利用这些信息来识别高产、性情温顺、攻击性强和喜结群的蜂群。
- 给所有的蜂场编号，并在检查后记录所有信息，包括收获的数量、害虫数量、修理状况、蜂群状况、蜂群行为等。

由肯尼亚马瓜尼县（Makueni）CSA 培训师培训的 CSA 概念

第十二章
家禽管理

随着土地面积减少和人们对蛋类和白肉的需求增加，养鸡是一项有前景的行业，而且与其他农场产业相比，养鸡需要的劳动力要少得多。在全球范围内，鸡肉供应链产生的GHG相等于6.06亿吨CO_2当量，占畜牧业总排放的8%。

12.1 气候智慧型家禽饲养系统

什么是气候智慧型饲养系统？

生产上有三种鸡饲养系统：庭院饲养系统、商品蛋鸡和商品肉鸡饲养系统。

（1）庭院饲养系统

在庭院饲养系统中，鸡群被饲养在小单元中，生长速度和下蛋速度都比商业饲养系统慢。饲养在庭院的鸡群的饲料转化率很低，这是因为饲料质量相对较差，而且鸡群要花更多的精力寻找饲料。在庭院饲养系统中，由于饲料转化不良，产自粪便的N_2O排放强度更高。

鸡圈中的土鸡：使用鸡圈可以防止所饲养的鸡被捕食，确保改善饲养，从而提高生长率和经济收益。

笼子里的雏鸡管理：鸡笼子可以防止雏鸡被捕食，提高存活率和鸡群生产力。

可移动鸡舍：每天从一个地方移动到另一个地方，以确保鸡不被捕食，也控制觅食和找饲草，利于提高生产力。

（2）商品蛋鸡和肉鸡饲养系统

肉鸡的肉产量占肉类总产的90%，但其排放强度最低。集约化管理的蛋鸡产量占蛋类总产的85%，其排放强度低于庭院饲养系统鸡蛋生产的排放。

这是由于商品肉鸡和蛋鸡生产系统的高生产率，有更好的饲料转化率，并且在鸡群中有很少的非生产性鸡。与庭院饲养下的蛋鸡和肉鸡生产系统相比，商品蛋鸡和肉鸡饲养系统的GHG排放强度都要低得多。

有较厚凋落物垫圈的商品肉鸡饲养系统　　　　多层条状板架上的商品蛋鸡饲养系统

12.2　如何使用气候智慧型饲养系统

提高家禽生产力，可以降低每单位产品的碳排放量。不健康的家禽和生产能力差的家禽均不是高效的生产者。

通过改善动物健康和使用高产的家禽品种，可以减少GHG排放。

此外，标准化饲养体系和技术改进也将通过提高动物和鸡群的生产效率而降低排放。

（1）家禽饲喂

为什么要饲喂家禽？

饲喂与GHG排放有直接联系。在集约化的商品家禽生产中，GHG主要是在饲料原料的制作过程中排放，该过程包括土地开垦、化肥使用和饲料生产。家禽饲喂过程中有效利用饲料，将可以通过减少浪费和提高鸡群生产力而减少排放。

如何饲喂家禽？

可通过给家禽饲喂高质量和均衡的饲料来实现。

- 选择在天气凉爽时饲喂，可以减少能量消耗，尤其是在清晨和傍晚。
- 使用自制饲料将减少对商品饲料的依赖。
- 把鸡放在通风良好的屋子里，控制室内温度。

（2）当地富含蛋白质的饲料和家里自制的饲料来源

蛆和白蚁是廉价蛋白质的很好来源，对雏鸡来说是最好的；它们还可以补充原本需要从商品饲料中获取的蛋白质。蛆和白蚁很容易生长或被捕集。

a）以蛆喂鸡：蛆的蛋白质含量高，可以提高饲料的营养价值，提高生产力

如何养蛆：

养蛆时需要准备以下材料：

- 牛粪
- 鱼粉
- 厨房垃圾

饲喂的蛆：蛆的蛋白质含量很高，可以提高饲料的营养价值，提高家禽生产力。

为蛆生长准备培养基的步骤：

- 第一步：将牛粪、鱼粉和鸡粪混合在一个大的开口瓶或其他合适的容器中。
- 第二步：往容器里加水，直到1/3处，这样苍蝇就可以在混合物中产卵。这些卵几小时后就会孵化成蛆。
- 第三步：容器口白天开着，晚上关闭。
- 第四步：将混合物放置5 ～ 10天，让蛆生长到合适的大小。
- 第五步：等蛆长到合适的大小，就往容器里倒入大量的水，让虫子漂浮起来，然后把它们收集起来喂鸡。

b）用白蚁喂鸡

白蚁富含蛋白质，可以在任何环境中收集，以帮助喂养家禽。

饲喂的白蚁：增加饲料中蛋白质含量，改善鸡的营养。

如何诱捕白蚁？

捕获白蚁的步骤如下：

- 第一步：将干牛粪与稻草混合，洒上少许水，然后放在地上。
- 第二步：放置24小时以吸引白蚁。
- 第三步：白蚁收集后可以直接喂食，也可以晾干后储存起来供家禽以后食用。

（3）以下推荐的是喂鸡用的家庭自制饲料

10千克鸡饲料配料表（源自饲料补充手册）见表12-1至表12-3。

表12-1   10千克雏鸡饲料日粮，当地计量单位用斯瓦希里语表示

饲料原料	重量（千克）	当地的测量	图　示	
鱼粉	1.7	Kasuku moja na thuluthi （1+1/3的2千克锡罐的量）		1+1/3
玉米	3.0	Kasuku moja na nusu （1+1/2的2千克锡罐的量）		1+1/2
高粱	2.2	Kasuku moja na robo （1+1/4的2千克锡罐的量）		1+1/4
谷子	1.1	Kasuku nusu （1/2的2千克锡罐的量）		1/2
葵花籽饼	1.1	Kasuku nusu （1/2的2千克锡罐的量）		1/2
玉米胚芽	0.7	Kasuku nusu （1/2的2千克锡罐的量）		1/2
石灰	0.1	捏一小撮		

表12-2   10千克成年鸡的饲料日粮，当地计量单位用斯瓦希里语表示

饲料原料	重量（千克）	当地的测量	图　示	
棉籽饼	1.3	Kasuku kasorobo （3/4的2千克锡罐的量）		3/4
鱼粉	0.7	Kasuku nusu （1/2的2千克锡罐的量）		1/2
椰子油饼	1.6	Kasuku kasorobo （3/4的2千克锡罐的量）		3/4

（续）

饲料原料	重量（千克）	当地的测量	图　示
玉米	2.4	Kasuku narobo （1+1/4 的 2 千克锡罐的量）	1+1/4
木薯	1.9	Kasuku moja （1个2千克锡罐的量）	1
玉米糠	2.1	Kasuku moja （1个2千克锡罐的量）	1
石灰	0.01	捏一小撮	

表12-3　10千克蛋鸡的饲料日粮，当地计量单位用斯瓦希里语表示

饲料原料	重量（千克）	当地的测量	图　示
玉米	2.1	Kasuku moja （1个2千克锡罐的量）	1
玉米胚芽	1.7	Kasuku moja （1个2千克锡罐的量）	1
高粱	2.6	Kasuku moja narobo （1+1/4个2千克锡罐的量）	1+1/4
谷子	0.8	Kasuku nusu （1/2个2千克锡罐的量）	1/2
葵花籽饼	1.9	Kasuku moja （一个2千克锡罐的量）	1
鱼粉	0.3	Kasuku robo （1/4个2千克锡罐的量）	1/4
石灰	0.6	Kasuku robo （1/4个2千克锡罐的量）	1/4

配料混合：指定的饲料原料称重后，应在饲料搅拌机（带旋转叶片的圆筒）中充分混合。如果没有滚筒搅拌机，可以在一个平坦的表面上进行彻底的混合，确保不受不需要的材料污染。

该混合饲料应以每天 50 克 / 只的量饲喂成年鸡，分早晚两份饲喂。

对于雏鸡来说，建议完全圈养，并且可以自由获得饲料。

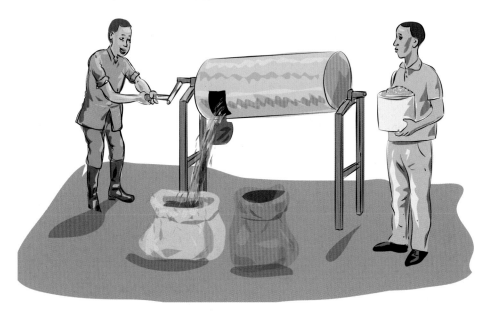

（4）自制饲料对散养鸡的好处

- 比商品饲料便宜。
- 提高了生长率，降低了首次下蛋的年龄。
- 提高下蛋量。
- 家禽类达到成熟体重更快，因此达到市场体重的时间更短。用自制饲料喂养的母鸡孵出的雏鸡比自由散养的母鸡孵出的雏鸡更大、更强壮。

12.3 改善家禽粪肥管理

a）为什么要管理家禽粪便？

粪便储存和处理不当是甲烷排放的主要来源。蛋鸡生产系统的排放高于肉鸡生产系统。这是因为蛋类生产系统的粪便在处理前要比肉鸡生产系统的粪便保存更长的时间。

b) 如何管理家禽粪便？

- 烘干粪便可以减少GHG排放，也便于长期储存。
- 堆肥可减少直接排放到大气中的GHG。在这种情况下，粪便将被覆盖，随后分解成有害程度较低的气体。
- 当粪肥用作有机肥料时，应在农田施用后加以覆盖。
- 家禽粪便也可以用来给鱼塘施肥。

奶牛系统的粪液自由排放到鱼塘和菜园。注意，将鸡舍建在鱼塘上，让家禽粪便进入鱼塘。

c) 节能孵蛋

为什么使用节能孵蛋？

能量是用于孵蛋和孵化雏鸡。孵化器使用木炭产生的热量，其燃烧会产生二氧化碳。

如何使用节能孵蛋？

在气温较低的时候给鸡群喂食，特别是在清晨和下午晚些时候。

使用能源消耗少的孵蛋技术。使用干草箱孵卵器可以减少孵卵过程中所需的能量，使母鸡能够重新下蛋。它还能使雏鸡的存活率从30%提高到80%，从而提高鸡群的生产力。

d) 建造和设计并使用干草箱的过程

干草箱的构造：

- 一个简单的方箱，由4块高30厘米、厚2厘米的外框木板和一扇尺寸合适的门组成。
- 在每个框板的上部钻4个直径2.5厘米的小通风孔，便于空气流通。
- 耐用、光滑、易于清洁和消毒的木质或金属网地板。
- 饲养场地的尺寸是长2米，宽1米，高40厘米。

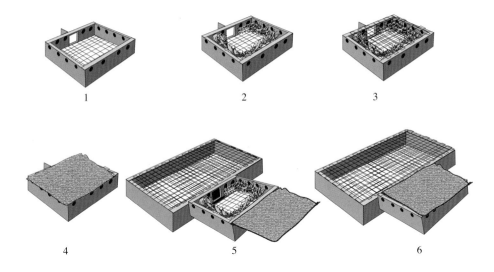

干草箱和鸡圈

干草箱和鸡圈的关键点：

（1）干草箱上部带有铁丝网板和通风孔。

（2）用隔热材料包装的干草箱，例如，靠墙边放干草。

（3）在干草箱上放置铁丝网，填充干草。

（4）干草箱盖上可移动的装满干草的或空的麻袋。

（5）干草箱（打开）在底部和上部用铁丝网覆盖。注意连接干草箱和鸡圈的门。

（6）将干草箱和鸡圈组装完整。

第十三章
渔　　业

13.1　渔业的重要性

在肯尼亚，渔业部门直接和间接地养活了大约100万人，他们是渔民、贸易商、加工商、渔业配件的供应商和零售商、雇员及其家属。肯尼亚的大部分渔业部门（约90%）依赖淡水水体，尤其是维多利亚湖。海洋捕鱼活动主要在近海，估计有6 500名个体渔民，捕获量约占肯尼亚全国鱼类产量的4%。

水产养殖约占肯尼亚全国鱼类总产量的12%，主要用于维持基本生计；肯尼亚几乎没有建立商业渔场。由于气候变化对农业和其他部门的不利影响，未来可能会有更多的转向渔业和其他公共资源，这些已经成为生计的主要来源。鱼不仅能提供蛋白质，还能提供矿物质，同时也是维生素A、维生素B和维生素D、钙、铁和碘等其他营养物质的重要来源。它提供了对人体营养状况有促进效应的必需氨基酸。

然而，气候变化引起的淡水和海洋环境退化很可能对相关的水生生物多样性和渔业产生重大影响。水温升高和下降可能对鱼类资源产生负面影响，对农村地区造成不利后果。

干旱对渔业活动的影响如下：

- 因鱼塘干涸而丧失经济收入来源；
- 水位下降，影响鱼类繁殖区和渔船登陆设施；
- 内陆湖（埃尔门泰塔湖、纳瓦沙湖等）的干涸增加了登陆点与湖岸的距离，从而导致渔民需要支付将鱼运到登陆点的额外费用；
- 减少了码头（维多利亚湖）的数量，从而不利于鱼类装卸；
- 由于大量种植作物和饲养牲畜的农民涌入湖区，以寻求其他谋生方式，从而加剧了捕鱼活动和非法捕捞。

13.2　导致GHG排放的捕鱼活动

大量的燃料用于以下活动：

- 船上产品加工；
- 冷藏和冷冻；
- 船舶推进；
- 使用重载齿轮传动和船体过重；
- 在枯竭的水域捕鱼，每千克鱼上岸需要更多的燃料；
- 在鱼类较少的区域迫使渔民花费更长的时间和使用重载齿轮传动装置来捕鱼。

13.3　导致GHG排放的水产养殖活动

当一个水产养殖系统从粗放（未经处理或部分施肥）转变为半集约化（施肥或部分饲喂）到集约化（完全饲喂和施肥）。

在水产养殖中，饲料被认为是碳排放水平的主要决定因素，肥料次之。

13.4　鱼类资源增殖策略

为了增加鱼类在自然和人工淡水生态系统的数量，建议采取以下策略。

13.4.1　大型水体和河流的鱼苗放养

为什么要对大型水体和河流进行鱼苗放养？

水坝、淤地坝、河岸地区已被确定为重要的内陆水体，在促进渔业生产、解决粮食安全、增加就业和创造财富方面发挥着至关重要的作用。水坝已经被河岸周边社区用于捕鱼、休闲渔业和灌溉等目的。大多数捕捞的渔业资源都面临巨大的捕捞压力，影响了鱼类生产，因此，利用水坝作为鱼类生产的替代来源将极大地维持鱼类供应。

1）如何进行大型水体和河流鱼苗放养

放养程序：

（1）调查和确定合适的水坝和河流，以便鱼苗储存或放养。

（2）作为拥有公共利益的河岸社区团体，带头开展水坝或河流的放养活动。

（3）一旦确定了河流或水坝，就可以确定优先放养的鱼苗（罗非鱼、鲶鱼、虹鳟鱼），并从孵化场采购这些鱼苗。种苗的成本取决于鱼苗的来源。

（4）用于储存而打包鱼苗的程序。

①在养殖前一天将鱼苗从主池中分离出来，放入另一个容器或鱼苗袋（保留鱼苗的网袋），准备运输。

②在早晨或晚上温度低、环境凉爽的时候运输鱼苗。

③用带水的塑料袋包装。

④将大量的鱼苗放入塑料袋时，用氧气瓶向塑料袋中添加氧气。

⑤一旦打包，鱼苗必须尽快运送到确定要放养的水坝和河流。

⑥一旦到达河流或水坝，就打开塑料袋，让水慢慢地进入袋中，使袋中的温度和pH达到鱼苗即将释放的水中的温度和pH。

⑦然后让这些鱼苗慢慢地游到河流或水坝中。

（5）在池塘或河流放养后，对鱼苗进行监控和记录，以确保管理得当。采取措施防止偷猎和捕食者，以确保在饲养期结束时有一个好的收成。

以下图片展示了如何进行河流和水坝放养。

1.将鱼苗装在塑料袋里运到河流和水坝。

2.打开塑料袋，使池塘的水缓慢地注入到袋子中，确保袋中的温度和pH达到鱼苗即将释放水中的温度和pH。

3.将小鱼放进河流和水坝中。

13.4.2　基于人工养殖的渔业／水产业（CBF/CBA）

为什么开展基于人工养殖的渔业／水产业？

水产养殖是在可控条件下为人类利益而进行水生植物种植和水生动物养殖。它包括淡水、咸水和半咸水水生环境，涉及鳍鱼、两栖类、甲壳类、蜗牛，甚至微小水生动物和植物。

在肯尼亚，最受欢迎的淡水鱼品种是尼罗河罗非鱼（*Orechromis niloticus*）和非洲鲇鱼（*Clarias gariepinus*）。其他是外来物种，如虹鳟鱼（*Onchornchus mykiss*）和普通鲤鱼（*Cyprinus carpio*）（表13-1）。在海洋环境中，海草和甲壳类动物（印度虾和大虾，大螯虾和螃蟹）以小规模养殖为主。

表 13-1　肯尼亚最受欢迎的淡水鱼品种及特征

鱼　类	鱼的特征	鱼的插图
尼罗河罗非鱼 （*Oreochromis niloticus*）	罗非鱼： • 原产于非洲，但已被引入世界各地； • 具有抗病能力； • 繁殖力强，在人工养殖条件下容易繁殖；它们产卵少，但母体护苗好，因此成活率高； • 以多种食物为食，并能在低溶解氧水平的恶劣水质下生存； • 能在半咸水中生长，有的甚至能适应海水； • 主要在半集约系统下生长，如单养，雄性单养或与非洲鲶鱼的混养； • 最佳温度范围在 27～30℃； • 在肯尼亚很受欢迎，在世界上有很好的市场； • 鱼片产量为 30%～37%，主要取决于鱼片大小和最终切割。	
非洲鲶鱼 （*Clarias gariepinus*）	非洲鲶鱼： • 原产于非洲； • 杂食性、可食用蔬菜物料、浮游动物、昆虫、蜗牛、蝌蚪、水蛭、小鱼等； • 耐寒性强，能在低氧水域生存，能适应极端天气条件； • 可在盐度为 10 毫克／千克的微咸水中生长； • 具有呼吸大气氧气的能力； • 不进行人工繁殖和人工产卵； • 如果供给足够的高蛋白饲料，生长速度将大大提高； • 骨头较少，产鱼片的比例比罗非鱼高； • 主要与罗非鱼在半集约化养殖系统中生长； • 最佳温度范围为 25～27℃； • 有利于发展中国家农村进行水产养殖。	

（续）

鱼 类	鱼的特征	鱼的插图
虹鳟鱼 （*Onchornchus mykiss*）	虹鳟鱼： • 原产于北美洲，但已被引进并养殖到世界各地； • 肉食性鱼类，在天然水域中食用昆虫、甲壳类和其他小动物； • 在凉爽、水流湍急、10～18℃、含氧量高的水域中生长良好； • 在饲养条件下要求水体流动的流量为1升／（分钟·千克）； • 无法在水产养殖系统中自然产卵，要使用人工产卵； • 可在水库和水沟的密集系统中生产； • 仅限于热带地区的高地地区，那里的有利条件允许其生长； • 需要优质饲料，蛋白质含量＞40%； • 市场价格高，尤其是新鲜时； • 骨骼精致，鱼片比例高，烤制时口感极佳； • 培育能够承受更高温度和更低氧水平的品种，可以扩大其饲养范围。	
普通鲤鱼 （*Cyprinus carpio*）	鲤鱼： • 是一种外来物种，已经在肯尼亚的自然水体中存活； • 是一种以植物和动物为食的杂食动物； • 有以池底淤泥中的生物为食的习惯，使池水变得浑浊； • 吃各种补充食物，包括普通谷物麸皮； • 在肯尼亚的半集约化养殖体系下，水产养殖产量非常有限； • 获得较大的面积，通常不会使池塘过度拥挤； • 最佳温度范围为23～26℃； • 由于肉内有鱼刺，在肯尼亚市场需求不佳，但在亚洲很受欢迎。	

13.5 池塘养鱼的好处

养鱼的好处有：

- 养鱼是家庭中获得现成蛋白质的可靠来源，新鲜的鱼还可以出售以获得经济收入。
- 在严重干旱时期，鱼塘经常成为最后的储水场所，从而帮助农村地区获得家庭用水或灌溉用水。
- 如果能够有计划并就近得到推广服务商的技术支持，即使气候可能发生变化，也可以继续养鱼。
- 鱼塘有助于改善和延缓地下水向下游流动。
- 鱼是冷血动物，因此不像哺乳动物那样产生热量。
- 在水环境中，每立方米动物能比陆生动物产生更多的生物量。

应对气候变化影响的典型行动见表13-2。

表13-2 应对气候变化影响的典型行动

气候事件	气候变化的影响	应对方法
降水量减少	地表和地下水减少	• 利用太阳能或风能的循环式养殖系统，以减少对水的需求和对水资源的竞争。 • 养殖户应抓住时机，只在有足够的水源来填满池塘的时候养鱼，比如雨季。 • 池塘中使用内衬来减少渗漏，使用塑料薄膜（PVC）制作较小的饲养单元。 • 在附近河流容易发生季节性洪水的地方，挖掘1.5米深的洼地，利用洪水养殖的鱼可以生长1～2个月。 • 如果降水充足，但地面和地下水水源紧张，可以在紧邻宅基地的小池塘或养鱼场中设置屋顶集水设施。
降水模式的改变	洪水	• 鱼苗可以放在水聚集的地方，在洪水后至少放置3个月。当这个地方干涸时，一些鱼就可以吃了。 • 农民可以通过向养鸡和种菜等其他产业中增加鱼塘，以更好地利用小块土地和农场废弃物。
海平面和湖泊上升	被高盐度海水淹没的咸水域	• 如果海水或湖泊水位上升，养殖户可以向内陆迁移。但需要找到另一种取水的方法，比如使用地下水。这个策略也适用于鱼塘被水淹没的情况。

（续）

气候事件	气候变化的影响	应对方法
降水量减少	减少作物类饲料	• 应鼓励从棉籽饼、葵花籽饼、木薯、墨西哥万寿菊叶，以及只需要较少降雨的甘薯藤等产品中获取鱼饲料。
厄尔尼诺现象	减少全球市场上的鱼粉供应	• 利用本地可获得的沙丁鱼和甲壳类动物，如维多利亚湖和图尔卡纳湖产的青鱼（*Engraulocypris* spp.）和淡水虾（*Caradina* spp.）作为鱼粉来源。

13.6 水产养殖系统

典型的鱼类养殖产业系统是以其蓄水材料为基本特征的。一种养鱼"系统"可以帮助我们描述特定养鱼设施的设计、形式或强度。

可用于气候智慧型鱼类养殖的通用系统有：（1）土质池塘；（2）带有聚氯乙烯（PVC）内衬的池塘；（3）带有PVC内衬的木制框架；（4）玻璃纤维制的水池；（5）混凝土制水池；（6）水体共生系统。

（1）土质池塘

这些土质储水池建在地面上，土壤经过充分压实，以确保不透水。也被称为池塘，通常是长方形或正方形的，大约有1.2米深，入水口引导水向内流入，最深处有出水口（可选的）管道，在必要时（比如准备捕鱼时）排出池水。

选址

• 选择合适的地点，建议有轻微的坡度，以便于控制进出池塘的水流。

水源

• 池塘的水应该是足够的，并及时添加，因为池塘的水会通过蒸发流失。

• 水不应被上游的农药或沉积物所污染。

• 可以使用来自屋顶的雨水用于3立方米或更少的小型支撑系统。

气候

• 大多数热带鱼在温暖的天气中生长良好，温度范围最好在23～29℃。

土质池塘建设的步骤：

• 选择合适的地点。

• 插入短桩，以标记拟建池塘的内外角边缘。

• 移除1.2米的表层土壤。

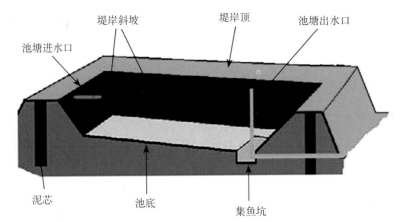

一个典型的土质鱼池的横截面，以显示鱼池的剖面和重要特征（Mbugua Mwangi绘）

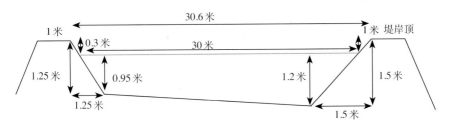

池塘的纵长剖面显示了不同的尺寸长度

- 如有必要，在四面都挖沟。
- 开始从内部挖掘，创建四面墙；每隔25厘米就压紧潮湿的土壤。
- 构造侧边（堤坝），从底部到脊顶部缩小。
- 以1∶1或1∶2的坡度压紧所有侧边，分别在浅水边和深水边插入进水管和出水管。

（2）带有PVC内衬的池塘

在沙质或石质表面，以及全年经常没有水的地区，渗水是一个主要的挑战，因此，当池塘完成时，建议在池塘的内侧铺上PVC内衬。

这些是土质池塘，为避免渗水，上面覆盖着重型PVC板。

（3）混凝土养鱼池

混凝土池塘或水箱用砖块在四周建造，可以用水泥加固。池塘通常是长方形、正方形或圆形，深1.2～2.4米。施工应与普通水池一样，但在砌砖分层和抹灰时使用防水水泥混合料。

带有内衬的土池

开始建造一个混凝土鱼塘

混凝土鱼塘建造完成

（4）用木头和聚乙烯建造的鲶鱼池

在这个系统中，必须在水池中饲养鱼。

所需材料清单：

- 13块1.5米长的雪松柱子。
- 30块6×1（此为美式格式，实际尺寸为14厘米×1.9厘米，译者注）木材，每块4米。
- 3千克分类的钉子（3英寸[*]、4英寸、5英寸）。
- 进口和出口管道和阀门。
- 池塘内衬（厚度5毫米，紫外线处理）。

PVC内衬木制框架密集型鲶鱼养殖单元鲶鱼4米×4米×1米水池建造

施工程序

水池将由一个方形的池塘内衬（重型聚乙烯）组成，其规格为4米×4米×1米。

---

[*] 英寸为英制长度单位，1英寸＝2.54厘米。——编者注

- 这种内衬是木制泡沫制品建成。
- 泡沫制品的每一面都有4根竖立的柱子，每根柱子长1.5米。
- 在两侧，将6×1的木板钉在直立的柱子上。木板是依次钉在上面，组成支撑内衬的框架。
- 水池的深度为1米。
- 水池有一个进水口，水通过这个进水口进入池内，并且在下部有一个出水口。

注意事项

　　水池里的水要定期排干（每隔4天），以清除氨、未食用的饲料和废物，否则如果任由它们累积，对鱼是有毒的。氨通常积聚在水池的底部。当打开出水口从水池中除去脏水时，也应该打开入水口以允许淡水进入。

（5）玻璃纤维制的水池

鱼可以在500升的塑料玻璃纤维容器内饲养，使用连续的循环水，排出的水经过净化后返回系统。

（6）网箱

在水体中放置网箱可以确保更有利于生长的鱼的数量，农民在每天喂鱼时就可以很容易地监测到鱼群情况，可以提供更好的养殖效果。

所需材料：
- 金属丝网
- 20升的塑料水罐
- 捆扎材料
- 织网材料

所选养鱼系统的要求见表13-3。

©MoALF/Omolo　　©MoALF/Omolo

表13-3　所选养鱼系统的要求

系统描述	尺寸（长、宽、深）	放养强度	目　的	鱼　类	放养比例	饲料和施肥，以及水资源管理
土质	20米、16米、1米	半密集型	饲养	罗非鱼和鲶鱼比例为10：1（1000条鱼）	3条鱼/平方米	施用磷酸二铵（DAP）或其他氮磷钾化肥和含26%粗蛋白的补充饲料，鱼类体重可提高3%。在收获之前不换水。
混凝土	6米、4米、2米	密集型	饲养	罗非鱼、鲶鱼、观赏鱼	10条鱼/立方米	不施肥，以现有鱼苗体重的3%喂养含35%或以上粗蛋白的全价饲料。
玻璃纤维水池	直径2米、深度1米	密集型	饲养或暂时饲养	罗非鱼、鲶鱼鱼苗	每立方米250只鱼苗（共2000条鱼）	采用循环技术，不施肥，每天喂6次含35%粗蛋白（或纯鱼粉）的全价饲料。
用聚乙烯制造的木制框架	4米、2米、1.5米	密集型	饲养	鲶鱼	每立方米50条（共600条）	每2周换一次水。
水沟	15米、8米、0.75米	密集型	饲养	鳟鱼	每平方米30条鱼或总共2700条鱼	进水和出水持续在0.08立方米/秒左右；全期饲料喂养；不施肥，保持高氧水平和低于18℃的温度。

（7）水体共生系统

鱼类养殖可与利用污水系统的高价值作物共同种养。植物根系的净化作用有助于净化系统，使水能够被泵回养鱼池。

通过整合农场各组分，可以确保更有效地利用农场资源。例如，饲养牲畜（例如家禽）的废物可以用于鱼塘或庄稼施肥。农业经营中减少对购买物资的依赖，将有助于提高经济效益（表13-4）。

- 养殖物种如罗非鱼是杂食动物，可以利用藻类等天然饲料。
- 罗非鱼（杂食性）、鲶鱼（肉食性）和普通鲤鱼（摄食碎屑）的组合是另一种很好的策略，可确保在大规模水产养殖下更好地利用水生生态系统的不同营养层。

- 通过直接利用牲畜粪便或作为肥料，可以减少氨、甲烷、二氧化碳和氧化亚氮排放。

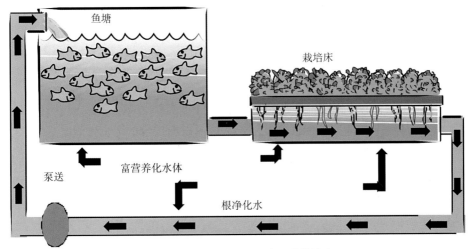

表13-4　可能的共生系统及其优缺点

农场产业	描　述	优　点	缺　点
鱼和家禽	鸡舍建在鱼塘边或内	• 家禽（例如鸭、鸡）粪便可为鱼塘施肥 • 投入成本降低 • 农民从家禽和鱼类产品的销售中获益 • 禽舍未食用的饲料和粪便会被罗非鱼等鱼类食用	• 可能需要大量资金 • 过度施肥会影响水质
鱼和猪	猪舍建在鱼塘边或上面	• 猪的粪便可以用来给鱼塘施肥 • 农民从出售鱼和猪肉中获益	• 在收获过程中，过量的肥料施用会使池水作为废水排放
鱼和水稻	稻田中设有一个深水区，当水稻作物成熟收割时，可作为鱼的安全栖息场所	• 农民从鱼和水稻中获益	• 由于有鱼，水稻不能喷药 • 黏土碎裂，导致阳光穿透性差 • 水稻成熟时籽粒干燥程度低
水培系统	鱼类与高价值的园艺作物相结合	• 鱼类和高价值作物在密集和清洁的环境下饲养	• 建造成本高昂，而且往往无法盈利

13.7 使用CSA方法进行渔业的饲料管理

13.7.1 饲料类型

a) 天然饲料——鼓励鱼群食用

- 藻类（浮游生物）：按推荐量添加DAP、氮磷钾肥、过磷酸钙（SSP）或动物干粪便，以促进藻类生长。这可以通过水的绿色外观来判断。
- 对于半密集型池塘系统，无机肥料用量为5克/平方米。对于空池塘，可以将其铺在池塘地板上或与水混合，溶液将扩散到池塘水面上。
- 也可以将动物粪便以50克/平方米的量施于池水，促进藻类生产。

©MoALF/Omolo

制成液体肥后向池塘中施用

b) 人工饲料——以颗粒状或粉末状配制

- 可以从推荐的磨坊和分销商获得人工饲料。
- 农民也可以学习使用谷物和油料作物自己制作饲料。
- 每天的饲料配给量干重按体重的3%计算。
- 为成长中的鱼苗提供饲料，半集约化养殖通常每天饲喂两次，集约化养殖每天3～4次，在上午9点到下午4点之间饲喂效果最佳。

农民可使用的简单饵料配方：

用3种干制粉末成分配制100千克含有28%蛋白质的混合饵料：

- 玉米糠60千克
- 棉籽饼15千克
- 鱼粉25千克
- 总重量100千克，还可以加入50克维生素混合物。

13.7.2 如何管理养鱼过程产生的污染物

- 避免过度喂食和饲料浪费。
- 饲料磨坊采用气候智慧型操作，以最大限度地减少能源消耗。
- 密切监控池塘内鱼饵散发的氨。
- 在起鱼前1个月停止施肥并且前3天停止喂食。

13.8 鱼类和水产品的卫生处理

13.8.1 什么是收获后鱼类加工？

鱼类产品收获后，必须进行适当的加工处理，使其不易腐烂变质。鱼必须保存在冷冻或冷藏库中。通常，将收获的鱼进行加工是为了提高经济价值，同时也是延长鱼产品的保质期。有很多种加工方式，如油炸、烟熏、发酵和晒干，通常由个体渔民和养鱼户进行。

13.8.2 捕捞后进行鱼产品加工的重要性

将鱼和鱼类产品加工是为了保持产品质量。一些加工技术可以增加鱼的风味和价值。在某些情况下，加工处理方法如晒干、烟熏和油炸有助于延长鱼的保质期。

在雨季，通常会捕到很多鱼，但有时无法获得运往市场的运输工具，导致鱼被以极低的价格出售。然而，加工处理有助于渔民稳定市场价格，因为他们不必立即出售鱼。

如何进行加工？

加工用能源：

①鼓励个体鱼类加工商使用环保能源。比如尼罗河鲈鱼的内脏已经被用作油炸鱼的燃料来源。确保鱼类加工过程中的废弃物不会对环境造成污染，并节省能源。

②在海滩有很多人咀嚼甘蔗。产生的甘蔗渣通常会破坏环境。一些鱼类加工者非常聪明，开始使用它们作为熏鱼或油炸鱼的替代燃料来源。

③木工车间的锯末也被用作加工鱼的燃料来源。

④建议在鱼类加工中使用节能炉灶。这些包括筒炉（Upesi Jiko）和窑炉（Jiko Kisasa）。

简炉（Upesi Jiko）　　　窑炉（Jiko Kisasa）

13.9　熏鱼步骤

一般来说，熏鱼需要使用大量的木材燃料。这将破坏环境，因为它会排放大量温室气体（CO_2）。

为了确保气候智慧型熏鱼操作，推荐使用消耗燃料更少的炉子，特别是使用甘蔗渣作燃料的炉子。还建议在节能炉灶中使用薪柴。建议养鱼区的农民种植更多树木，这些树木可以成为薪柴的可持续来源。

熏鱼［如罗非鱼、尼罗河鲈鱼（*Lates niloticus*）或鲶鱼（*Clarias* spp.）］步骤：

（1）用清水洗净鱼（远离海岸线）。

（2）在适当的情况下，除去鱼鳞和鱼内脏，然后清洗鱼。

（3）把盐涂在鱼身上的刀口上。

（4）把鱼放在托盘架上，让所有的水都滴下来。

（5）选择合适的木材生火。

（6）在冒着烟的窑炉中间点火。

（7）如下图所示，将托盘放在窑上。

（8）控制温度。通过水、沙子或灰烬抑制火势，关闭窑炉；通过打开拱门让空气进入窑内来提高火的效果。

（9）待底盘内的鱼变成金黄色后，将底盘拿起，换到倒数第二盘。

（10）重复这个过程，直到盘子里所有的鱼都变成了金黄色。

（11）取出托盘，让鱼冷却。

熏鱼堆垛

（1）把盛满鱼的盘子摞在一起放在炉子上（形成一个烟室或烟囱）。

（2）一次熏制最多可使用10个托盘（共100～160千克湿鱼）。

将鱼盘逐步放入烤箱

1.将木柴点燃放入窑炉；2.一摞一摞装满鱼的托盘；3.将托盘放置在炉子上；4.窑炉内装满鱼的托盘。

13.10　晒干腌制维多利亚湖沙丁鱼（Omena）的步骤

13.10.1　干盐腌制

（1）每20千克维多利亚湖沙丁鱼，就需要1千克盐。

（2）留足够的时间来腌制。

（3）然后稀疏地铺在干燥架上。

（4）让维多利亚湖沙丁鱼充分干燥。

干盐腌制

13.10.2　湿盐腌制

（1）将盐撒在桶或缸中的维多利亚湖沙丁鱼上。

（2）加入10升清水。

（3）彻底混合。

（4）留出足够的时间来腌制。

湿盐腌制

13.10.3　在架子上晒干

（1）沥干维多利亚湖沙丁鱼中的盐水。

（2）把它铺在干燥的架子上，上面盖上垫子或旧的蚊帐。

（3）在炎热的天气里干燥6～8小时，或在凉爽或下雨的天气里干燥2天。

注意事项：

• 　支架应离地面至少1米，加速干燥过程。

• 　应该倾斜放置，避免形成水坑，否则会影响干燥速度。

• 　架子上可以覆盖旧蚊帐或用破袋缝成的麻袋床单。

• 　如果架子上覆盖了铁丝网，由于盐具有腐蚀作用，盐制品不应与之
接触。

• 　如果柱子已经被某种形式的防腐剂处理过，不允许维多利亚湖沙丁鱼
产品与之接触。

良好的操作规程——放在多孔托盘上晾干，
然后将托盘放在凸起的架子上。

变质的维多利亚湖沙丁鱼处理方法——在地
上晒干。

图书在版编目（CIP）数据

气候智慧型农业：肯尼亚农业推广机构培训手册/
联合国粮食及农业组织编著；张卫建，严圣吉，郑成岩
译．—北京：中国农业出版社，2021.11
（FAO中文出版计划项目丛书）
ISBN 978-7-109-28407-4

Ⅰ.①气…　Ⅱ.①联…②张…③严…④郑…　Ⅲ.
①农业技术-肯尼亚-手册　Ⅳ.①S-62

中国版本图书馆CIP数据核字（2021）第122891号

著作权合同登记号：图字01-2021-2162号

气候智慧型农业：肯尼亚农业推广机构培训手册
QIHOU ZHIHUIXING NONGYE：KENNIYA NONGYE TUIGUANG JIGOU PEIXUN SHOUCE

中国农业出版社出版
地址：北京市朝阳区麦子店街18号楼
邮编：100125
责任编辑：郑　君
版式设计：王　晨　责任校对：吴丽婷
印刷：中农印务有限公司
版次：2021年11月第1版
印次：2021年11月北京第1次印刷
发行：新华书店北京发行所
开本：700mm×1000mm　1/16
印张：7
字数：140千字
定价：69.00元